夏休みドリル これだけは！5年生の漢字

あ行

- **圧**（5画）アツ　●圧力《あつりょく》
- **囲**（7画）イ　かこむ　かこう　●周囲《しゅうい》
- **移**（11画）イ　●移
- **永**（5画）エイ　ながい　●永遠《えいえん》
- **応**（7画）オウ　こたえる　●応用《おうよう》
- **往**（8画）オウ　●往復《おうふく》
- **桜**（10画）（オウ）　さくら　●桜貝《さくらがい》

か行

- **可**（5画）カ　●可能《かのう》
- **仮**（6画）カ（ケ）　かり　●仮面《かめん》
- **確**（15画）カク　たしか　たしかめる　●確実《かくじつ》
- **額**（18画）ガク　ひたい　●金額《きんがく》
- **刊**（5画）カン　●月刊《げっかん》
- **幹**（13画）カン　みき　●新幹線《しんかんせん》
- **慣**（14画）カン　なれる　ならす　●習慣《しゅうかん》
- **眼**（11画）ガン（ゲン）　（まなこ）　●肉眼《にくがん》
- **義**（13画）ギ　●正義《せいぎ》
- **逆**（9画）ギャク　さか　さからう　●逆転《ぎゃくてん》
- **久**（3画）キュウ（ク）　ひさしい　●永久《えいきゅう》
- **旧**（5画）キュウ　●旧友《きゅうゆう》
- **救**（11画）キュウ　すくう　●救急《きゅうきゅう》
- **居**（8画）キョ　いる　●住居《じゅうきょ》
- **経**（11画）ケイ（キョウ）　へる　●経営《けいえい》
- **潔**（15画）ケツ　（いさぎよい）　●清潔《せいけつ》
- **件**（6画）ケン　●事件《じけん》
- **険**（11画）ケン　けわしい　●危険《きけん》
- **検**（12画）ケン　●検査《けんさ》
- **限**（9画）ゲン　かぎる　●限度《げんど》
- **厚**（9画）（コウ）　あつい　●厚着《あつぎ》
- **耕**（10画）コウ　たがやす　●耕作《こうさく》
- **航**（10画）コウ　●航海《こうかい》
- **鉱**（13画）コウ　●鉱山《こうざん》
- **構**（14画）コウ　かまえる　かまう　●構造《こうぞう》
- **興**（16画）コウ　キョウ　（おこる）　（おこす）　●興味《きょうみ》

さ行

- **災**（7画）サイ　（わざわい）　●火災《かさい》
- **妻**（8画）サイ　つま　●妻子《さいし》
- **採**（11画）サイ　とる　●採集《さいしゅう》
- **際**（14画）サイ　（きわ）　●交際《こうさい》
- **在**（6画）ザイ　ある　●健在《けんざい》
- **財**（10画）ザイ（サイ）　●財産《ざいさん》
- **支**（4画）シ　ささえる　●支持《しじ》
- **史**（5画）シ　●歴史《れきし》
- **志**（7画）シ　こころざす　こころざし　●意志《いし》
- **枝**（8画）（シ）　えだ　●枝豆《えだまめ》
- **師**（10画）シ　●医師《いし》
- **資**（13画）シ　●資金《しきん》

193字

■漢字の下にあるのは読み方で、かたかなは音読み、ひらがなは訓読みです。赤い字は送りがなです。
■（　）は、小学校では習わない読み方です。
■●は、使い方の例です。
■漢字は、音読み（音のない字は訓読み）の順番でならんでいます。使い方の例といっしょに覚えましょう。

営　12画
エイ　いとなむ
●営業《えいぎょう》

衛　16画
エイ
●衛生《えいせい》

易　8画
エキ　イ　やさしい
●容易《ようい》

益　10画
エキ　（ヤク）
●利益《りえき》

液　11画
エキ
●液体《えきたい》

演　14画
エン
●演技《えんぎ》

価　8画
カ　（あたい）
●価格《かかく》

河　8画
カ　かわ
●河口《かこう》

過　12画
カ　すぎる　すごす　（あやまつ　あやまち）
●過去《かこ》

快　7画
カイ　こころよい
●快適《かいてき》

解　13画
カイ　（ゲ）　とく　とかす　とける
●解決《かいけつ》

格　10画
カク　（コウ）
●性格《せいかく》

紀　9画
キ
●紀元《きげん》

基　11画
キ　（もと　もとい）
●基本《きほん》

寄　11画
キ　よる　よせる
●寄付《きふ》

規　11画
キ
●規則《きそく》

喜　12画
キ　よろこぶ
●大喜《おおよろこ》び

技　7画
ギ　（わざ）
●技術《ぎじゅつ》

許　11画
キョ　ゆるす
●許可《きょか》

境　14画
キョウ　（ケイ）　さかい
●国境《こっきょう》

均　7画
キン
●平均《へいきん》

禁　13画
キン
●禁止《きんし》

句　5画
ク
●句読点《くとうてん》

型　9画
ケイ　かた
●原型《げんけい》

現　11画
ゲン　あらわれる　あらわす
●現在《げんざい》

減　12画
ゲン　へる　へらす
●減少《げんしょう》

故　9画
コ　（ゆえ）
●事故《じこ》

個　10画
コ
●個人《こじん》

護　20画
ゴ
●保護《ほご》

効　8画
コウ　きく
●効果《こうか》

講　17画
コウ
●講演《こうえん》

告　7画
コク　つげる
●告知《こくち》

混　11画
コン　まじる　まざる　まぜる　こむ
●混雑《こんざつ》

さ行

査　9画
サ
●調査《ちょうさ》

再　6画
サイ　サ　ふたたび
●再会《さいかい》

罪　13画
ザイ　つみ
●犯罪《はんざい》

殺　10画
サツ　（サイ）　（セツ）　ころす
●暗殺《あんさつ》

雑　14画
ザツ　ゾウ
●雑音《ざつおん》

酸　14画
サン　（すい）
●酸素《さんそ》

賛　15画
サン
●賛成《さんせい》

士　3画
シ
●武士《ぶし》

飼　13画
シ　かう
●飼育《しいく》

示　5画
ジ　（シ）　しめす
●指示《しじ》

似　7画
（ジ）　にる
●似顔絵《にがおえ》

識　19画
シキ
●知識《ちしき》

質　15画
シツ　（シチ　チ）
●質問《しつもん》

舎　8画
シャ
●校舎《こうしゃ》

夏《なつ》休《やす》み おやくだち シール

▼ドリルをやったらはろう！（あまったシールは自《じ》由《ゆう》に使《つか》ってね。）

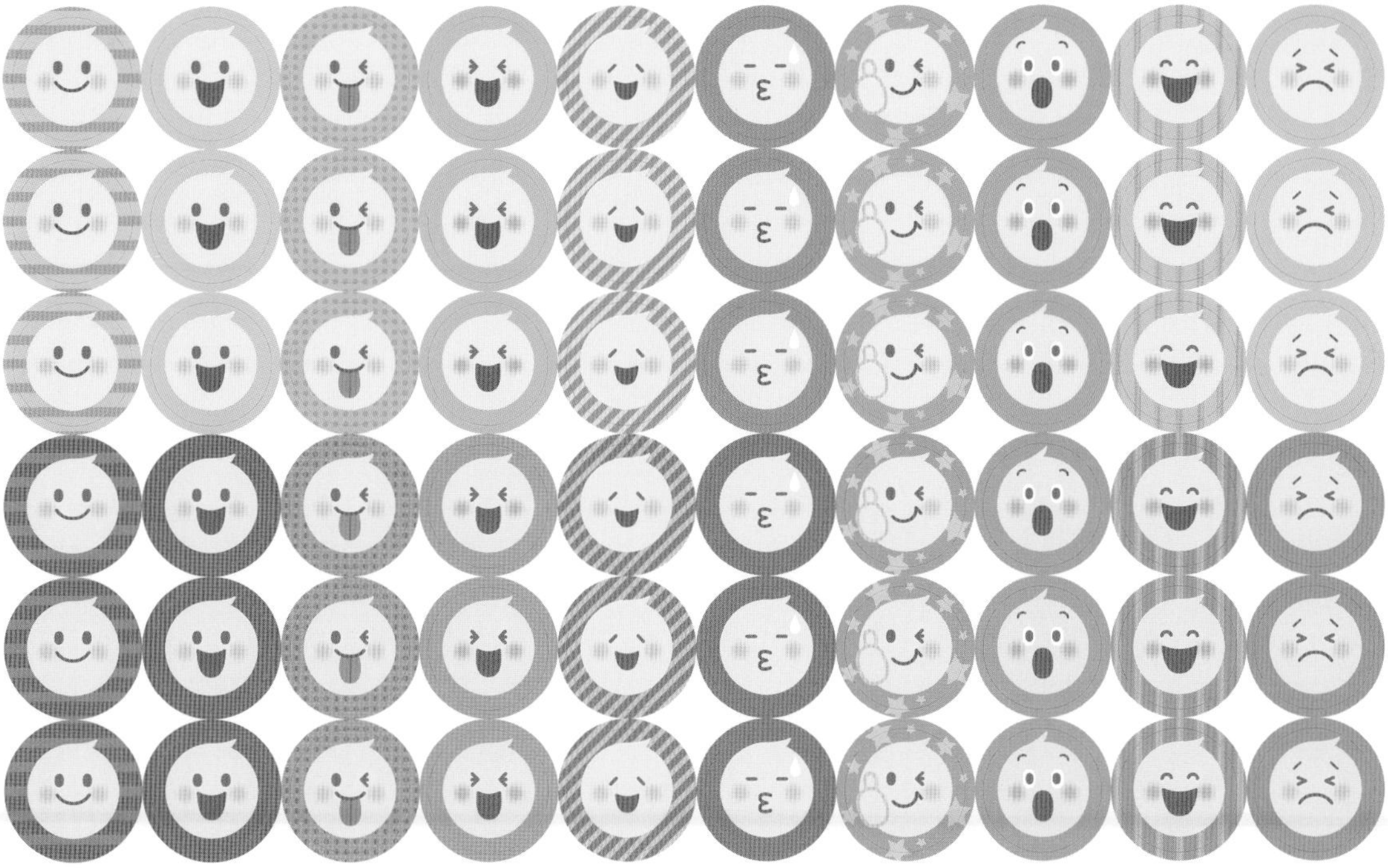

▼手《て》帳《ちょう》やカレンダーにはって使《つか》おう！

じゅく・習《なら》い事《ごと》

宿題《しゅくだい》・勉強《べんきょう》

友《とも》だちと遊《あそ》ぶ

海《うみ》・プール

お祭《まつ》り・花火《はなび》

旅行《りょこう》・外出《がいしゅつ》

大事《だいじ》な予定《よてい》

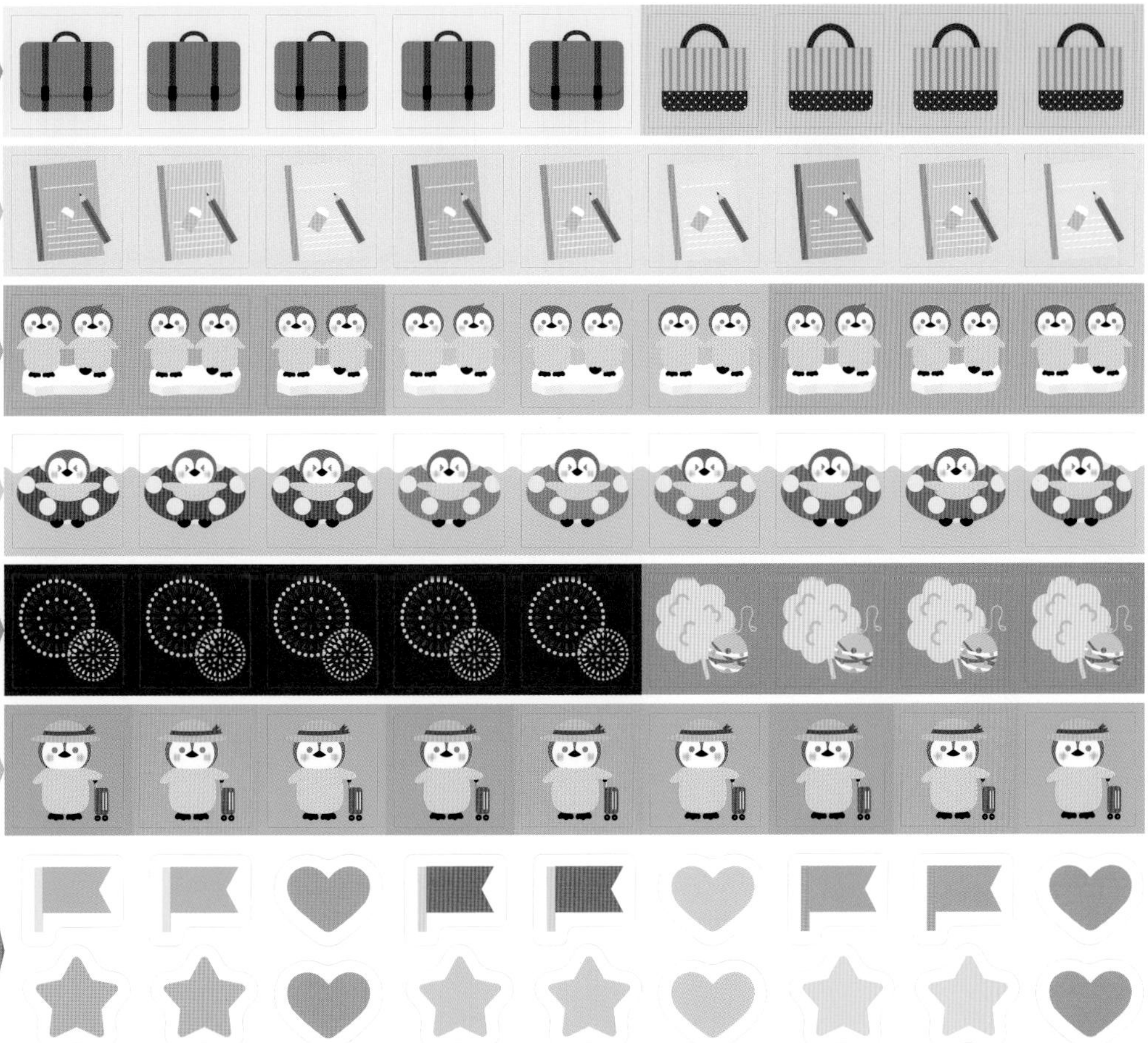

ドリルをやり終わったら、
得点《とくてん》を書いて、
シールをはりましょう。

夏休みドリル

算数

小学５年

目次

1 分数のおさらい …… 2
2 整数と小数 …… 4
3 ２つの量の変わり方 …… 6
4 体積と容積《ようせき》 …… 8
5 小数のかけ算（1） …… 10
6 小数のかけ算（2） …… 12
7 小数のわり算（1） …… 14
8 小数のわり算（2） …… 16
9 合同な図形 …… 18
10 小数の倍 …… 20
11 図形の角 …… 22
12 まとめ …… 24

算数 1

月　日

分数のおさらい

1 計算しましょう。

1つ3点→18点

① $\frac{1}{5}+\frac{1}{5}=$

② $\frac{1}{4}+\frac{2}{4}=$

③ $\frac{5}{8}+\frac{2}{8}=$

④ $\frac{2}{3}-\frac{1}{3}=$

⑤ $\frac{6}{7}-\frac{4}{7}=$

⑥ $\frac{10}{9}-\frac{5}{9}=$

2 仮分数《かぶんすう》は帯分数で、帯分数は仮分数《かぶんすう》で表しましょう。

1つ3点→18点

① $\frac{8}{7}$ (　　)

② $\frac{7}{5}$ (　　)

③ $1\frac{1}{3}$ (　　)

④ $2\frac{3}{7}$ (　　)

⑤ $\frac{17}{4}$ (　　)

⑥ $2\frac{1}{10}$ (　　)

3 次の数を大きい順にならべましょう。

全部できて10点

$\frac{10}{9}$, $\frac{8}{9}$, 9, $6\frac{8}{9}$, $\frac{90}{9}$

(　　→　　→　　→　　→　　)

学習のポイント

同じ分母の分数のたし算・ひき算では、分母は変わりませんが、分子はくり上がり・くり下がりがあります。

得点《とくてん》

点

シール

4 計算しましょう。

1つ4点→24点

① $\frac{1}{10}+\frac{6}{10}=$

② $1\frac{1}{3}+2\frac{1}{3}=$

③ $\frac{6}{7}+1\frac{3}{7}=$

④ $1\frac{5}{6}-\frac{4}{6}=$

⑤ $3-1\frac{5}{8}=$

⑥ $3\frac{3}{5}-3\frac{1}{5}=$

5 赤いびんには $1\frac{2}{5}$ L、青いびんには $\frac{6}{5}$ Lの水が入っています。

① 水の量は、赤いびんと青いびんのどちらのほうが多いですか。

6点

（　　　　　　　　　　）

② 水の量のちがいは何Lですか。

式6点、答え6点→12点

式

答え（　　　　　　）

③ 2つのびんの水を合わせると何Lになりますか。

式6点、答え6点→12点

式

答え（　　　　　　）

月　日

整数と小数

1 下の数直線の□にあてはまる数を書きましょう。　1つ4点→16点

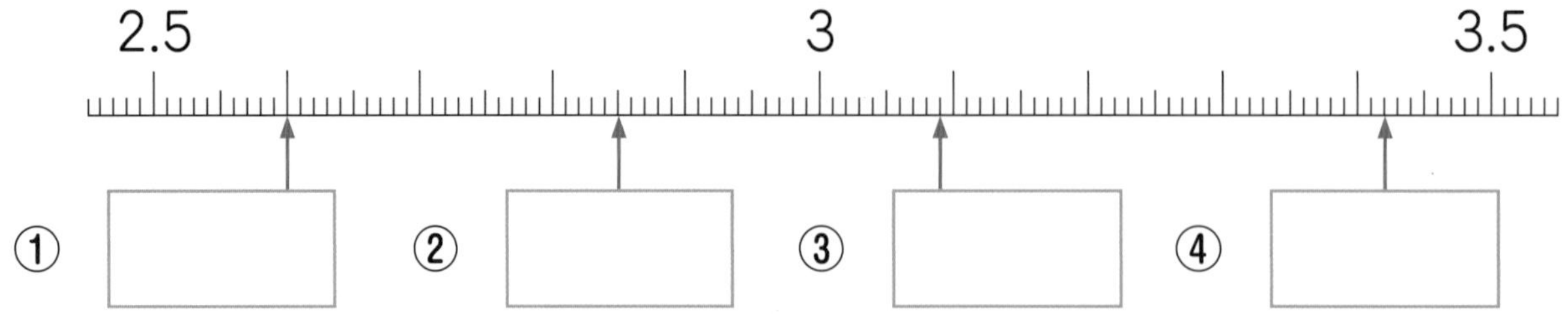

2 □にあてはまる数を書きましょう。　1つ2点→20点

① 12.05 = 10 × 1 + 1 × □ + 0.1 × □ + 0.01 × □

② 367.9 = □ × 3 + □ × 6 + 1 × 7 + □ × 9

③ 9.104 = 1 × □ + 0.1 × □ + 0.01 × 0 + 0.001 × □

④ 100 を 5 個《こ》、1 を 4 個《こ》、0.1 を 7 個《こ》、0.01 を 6 個《こ》合わせた数は

□ です。

3 0 2 3 6 7 . の 6 まいのカードを使って、次の数をつくりましょう。小数点以下が 0 になる数はふくみません。　全部できて1つ8点→16点

① いちばん小さい数　□□□□□□

② いちばん大きい数　□□□□□□

学習のポイント

小数を10倍、100倍……とすると位が上がって、小数点は右へ1けた、2けた……と移《うつ》ります。$\frac{1}{10}$、$\frac{1}{100}$……は、逆《ぎゃく》に左へ移《うつ》ります。

得点《とくてん》　　点

シール

4 □にあてはまる数を書きましょう。

1つ3点→30点

① 45.75の10倍は □ 、100倍は □ です。

② 0.345の10倍は □ 、100倍は □ です。

③ 286.2の$\frac{1}{10}$は □ 、$\frac{1}{100}$は □ です。

④ 98.76の$\frac{1}{10}$は □ 、$\frac{1}{100}$は □ です。

⑤ 5.124の1000倍は □ です。

⑥ 314.1の$\frac{1}{1000}$は □ です。

5 次の計算をして□にあてはまる数を書きましょう。

1つ3点→18点

① $7.63 \times 10 =$ □

② $0.84 \times 100 =$ □

③ $2.52 \times 1000 =$ □

④ $12.11 \div 10 =$ □

⑤ $10.07 \div 100 =$ □

⑥ $391.2 \div 1000 =$ □

算数 3

月　日

2つの量の変わり方

1 1個《こ》30円のおかしを買ったときの、おかしの数と代金の関係を調べて表にしました。

① あいているところにあてはまる数字を書きましょう。　1つ4点→12点

おかしの数（個《こ》）	1	2	3	4	5	6
代金（円）	30	60	90			

② おかしの数を□個《こ》、代金を○円とすると、○は□に比例《ひれい》していますか。正しいほうに○をつけましょう。　5点

（ 比例《ひれい》する ・ 比例《ひれい》しない ）

③ おかしの数□個《こ》と代金○円の関係を式に表しましょう。　6点

（　　　　　　　　　　）

2 たての長さが3cm、横の長さが1cmの長方形を図のようにならべて、四角形をつくり、横の長さと面積の関係を調べて表にしました。

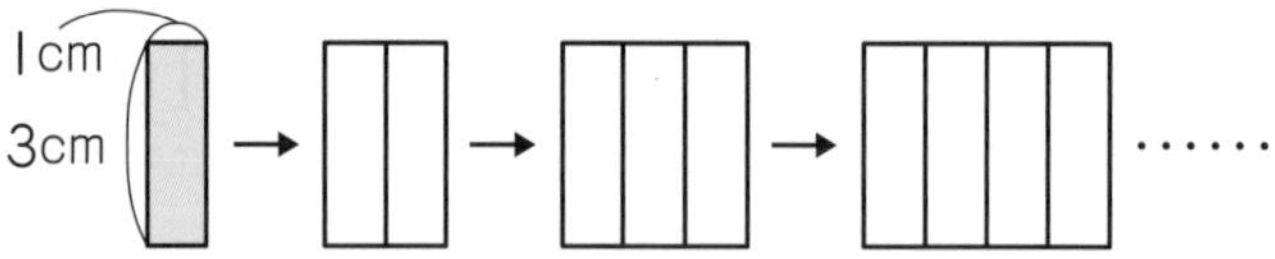

① あいているところにあてはまる数字を書きましょう。　1つ4点→12点

横の長さ（cm）	1	2	3	4	5	6
四角形の面積（cm^2）	3	6	9			

② 横の長さを□、面積を○として、□と○の関係を式に表しましょう。　6点

（　　　　　　　　　　）

学習のポイント

2つの数量の一方の数量が2倍、3倍……になると、それにともなって、他方の数量も2倍、3倍……になるとき、比例《ひれい》するといいます。

得点《とくてん》

点

シール

3 1mの重さが70gのロープがあります。このロープの長さと重さの関係を調べて表にしました。

① あいているところにあてはまる数字を書きましょう。 1つ4点→12点

ロープの長さ（m）	1	2	3	4	5	6
ロープの重さ（g）	70	140	210			

② 長さを□m、重さを○gとして、□と○の関係を式に表しましょう。 6点

（　　　　　　　　）

③ 長さが15mのとき、重さは何gですか。 式9点、答え8点→17点

式

答え（　　　　）

4 1分間に16Lの水が出る水道があります。

① 水を出す時間を□分、出る水の量を○Lとして、□と○の関係を式に表しましょう。 6点

（　　　　　　　　）

② 水を5分間出すとき、出る水の量は何Lですか。 式9点、答え9点→18点

式

答え（　　　　）

算数 4

月　日

体積と容積《ようせき》

1 次の直方体や立方体の体積を求めましょう。

式4点、答え4点→24点

①

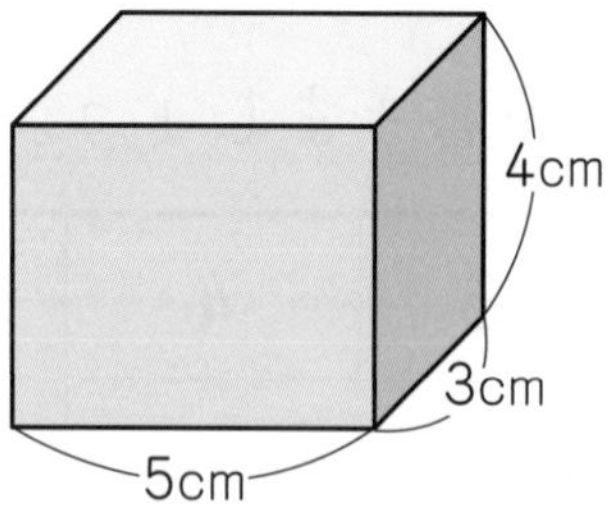

式

答え（　　　　）

②

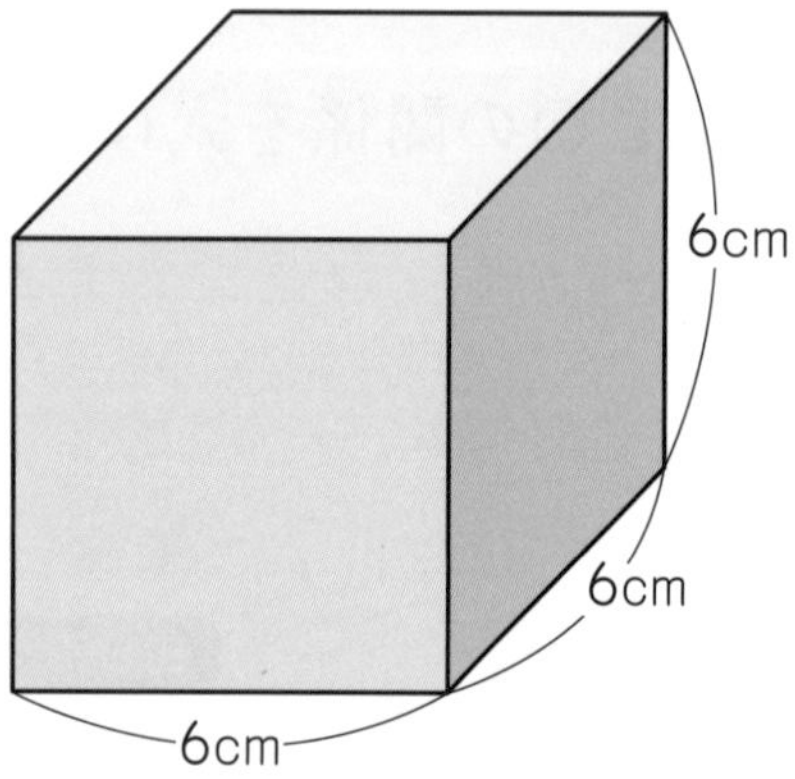

③

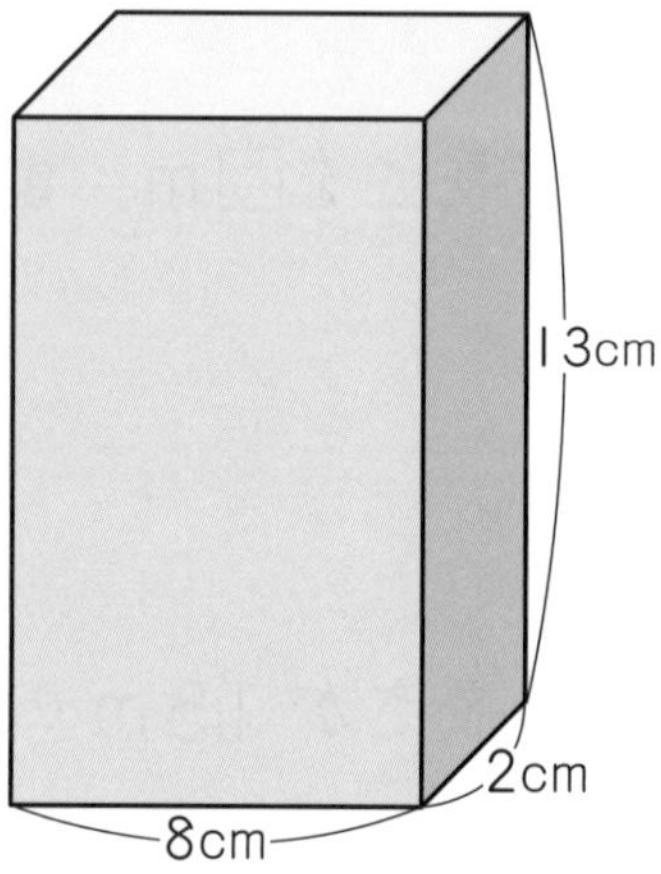

式

答え（　　　　）

式

答え（　　　　）

2 次の立体の体積を求めましょう。

式4点、答え4点→16点

①　1辺が5cmの立方体

式

答え（　　　　）

②　たて6cm、横7cm、高さ2cmの直方体

式

答え（　　　　）

学習のポイント

体積とは、物のかさのことです。1辺が 1cm の立方体の体積は $1cm^3$ です。容積《ようせき》とは、入れ物の内側いっぱいの体積のことです。

得点《とくてん》　　　点

シール

3 次の立体の体積を求めましょう。

式7点、答え7点→42点

①

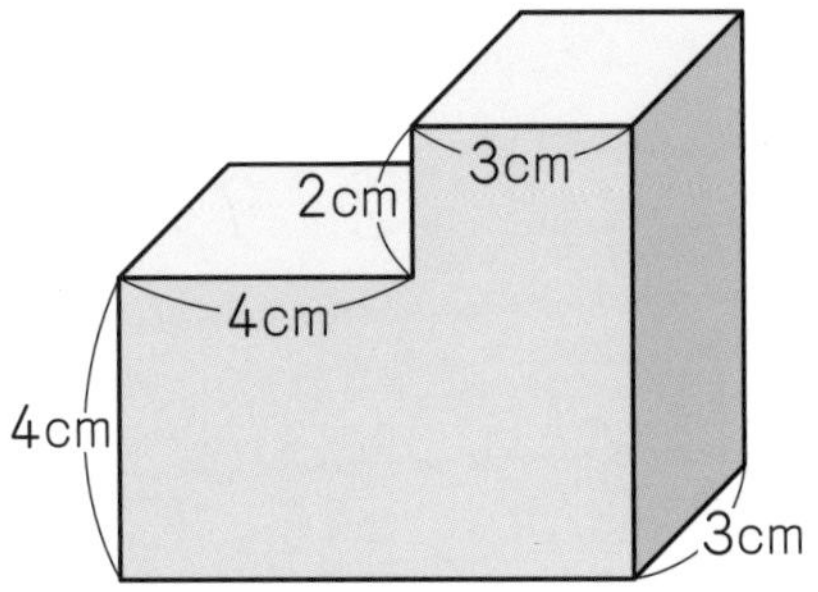

式

答え（　　　　　　）

②

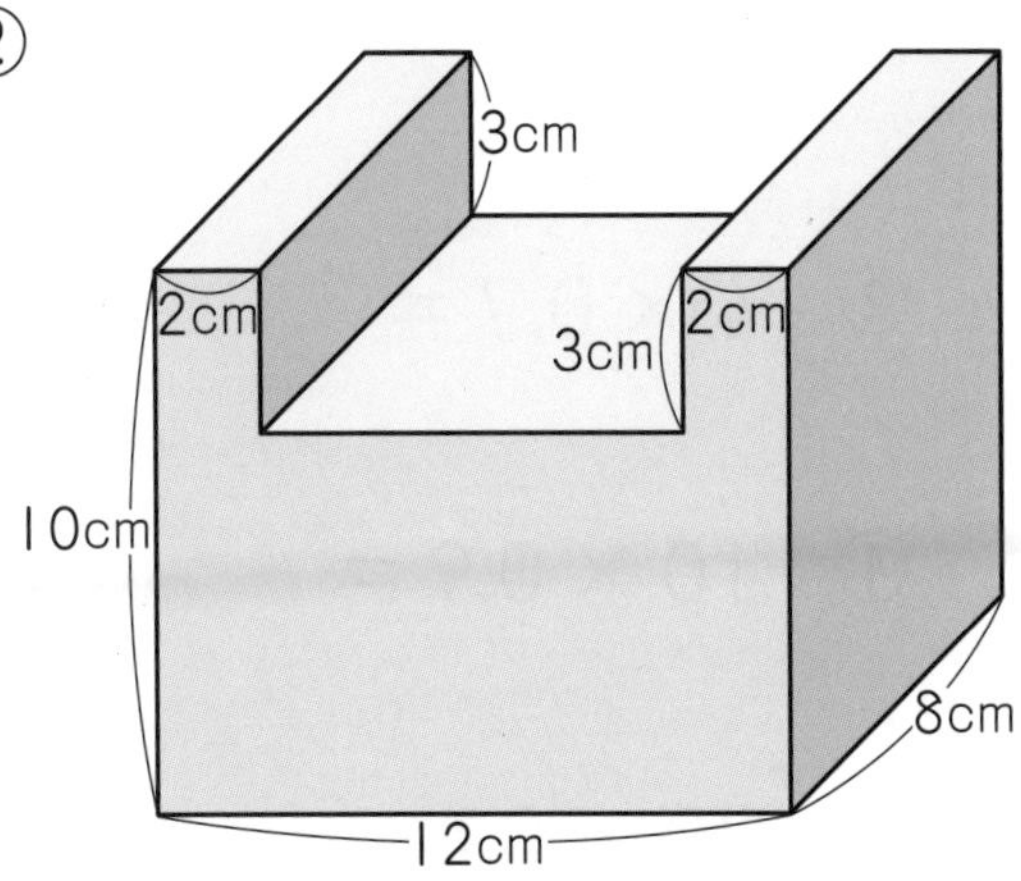

③

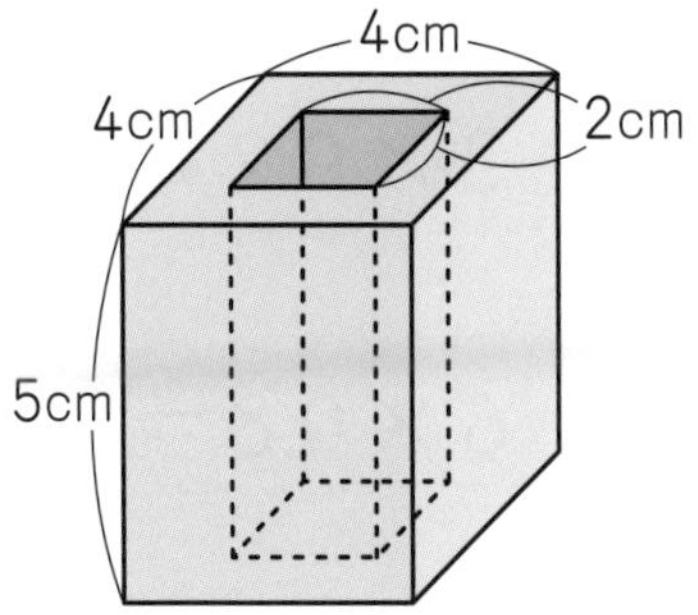

式

答え（　　　　　　）

式

答え（　　　　　　）

4 厚《あつ》さ1cmの板で下のような直方体の形をした入れ物を作りました。この入れ物の容積《ようせき》は何 cm^3 になりますか。

式10点、答え8点→18点

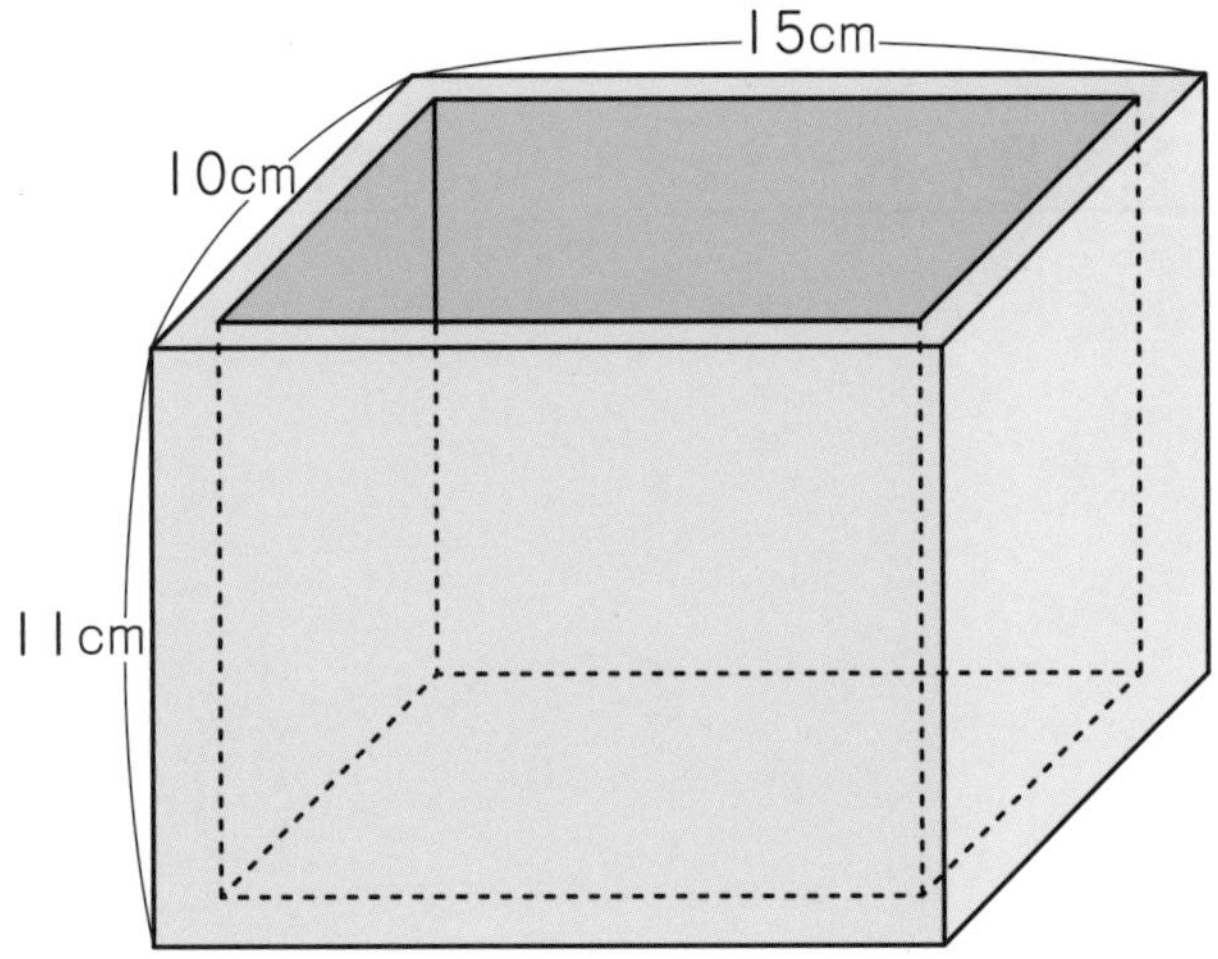

式

答え（　　　　　　）

算数 5

月　日

小数のかけ算（1）

1 積が9より大きくなるのはどれですか。記号で答えましょう。

3点

㋐ 9×1.2　　㋑ 9×0.1　　㋒ 9×0.9

（　　　）

2 次の計算をしましょう。

1つ4点→32点

① $3 \times 0.2 =$

② $4 \times 0.7 =$

③ $6 \times 0.8 =$

④ $10 \times 0.9 =$

⑤ $50 \times 0.2 =$

⑥ $30 \times 0.4 =$

⑦ $10 \times 0.3 =$

⑧ $40 \times 0.5 =$

3 次の計算をしましょう。

1つ5点→15点

①

$$\begin{array}{r} 15 \\ \times\ 2.1 \\ \hline \end{array}$$

②

$$\begin{array}{r} 24 \\ \times\ 5.1 \\ \hline \end{array}$$

③

$$\begin{array}{r} 68 \\ \times\ 9.3 \\ \hline \end{array}$$

学習のポイント

整数×小数の筆算の答えの小数点の位置は、かける小数の小数点をそのまま下ろします。

得点《とくてん》

点

シール

4 筆算で計算しましょう。 1つ5点→20点

① 180 × 8.1　　② 315 × 2.5

③ 853 × 4.2　　④ 712 × 3.7

5 たてが 7cm、横が 5.6cm の長方形の面積を求めましょう。

式5点、答え5点→10点

式

答え（　　　　）

6 1L の重さが 320g の土があります。 式5点、答え5点→20点

① この土の 2.8L の重さは何 g でしょうか。

式

答え（　　　　）

② この土の 700mL の重さは何 g でしょうか。

式

答え（　　　　）

算数

6 小数のかけ算（2）

月　　日

1 次の計算をしましょう。

1つ3点→12点

① $\begin{array}{r} 1.3 \\ \times\ 0.1 \\ \hline \end{array}$

② $\begin{array}{r} 5.2 \\ \times\ 0.3 \\ \hline \end{array}$

③ $\begin{array}{r} 7.4 \\ \times\ 0.6 \\ \hline \end{array}$

④ $\begin{array}{r} 6.2 \\ \times\ 0.9 \\ \hline \end{array}$

2 小数点の位置に注意して、次の計算をしましょう。

1つ4点→24点

① $\begin{array}{r} 3.3 \\ \times\ 2.1 \\ \hline \end{array}$

② $\begin{array}{r} 7.3 \\ \times\ 6.1 \\ \hline \end{array}$

③ $\begin{array}{r} 4.7 \\ \times\ 2.5 \\ \hline \end{array}$

④ $\begin{array}{r} 6.8 \\ \times\ 4.6 \\ \hline \end{array}$

⑤ $\begin{array}{r} 8.2 \\ \times\ 3.5 \\ \hline \end{array}$

⑥ $\begin{array}{r} 7.4 \\ \times\ 9.5 \\ \hline \end{array}$

学習のポイント

小数×小数の答えの小数点の位置は、小数部分のけた数の合計分だけ、左になります。

得点《とくてん》

点

シール

3 筆算で計算しましょう。

1つ5点→30点

① 5.2×0.36

② 4.7×0.39

③ 0.24×6.5

④ 7.75×8.4

⑤ 0.15×0.72

⑥ 0.03×0.58

4 くふうして計算しましょう。とちゅうの式も書きましょう。

式9点、答え8点→34点

① 9.8×12

式

答え（　　　　　）

② $5.1 \times 2.4 + 3.9 \times 2.4$

式

答え（　　　　　）

算数 7

月　日

小数のわり算（1）

1 次の計算をしましょう。　1つ3点→12点

① $0.6 \div 3 =$　　② $2.4 \div 8 =$

③ $8 \div 0.4 =$　　④ $60 \div 0.5 =$

2 商がわられる数より大きくなるものを選んで記号で答えましょう。　3点

㋐ $55 \div 2.2$　　㋑ $100 \div 0.9$　　㋒ $0.096 \div 1.2$

（　　）

3 わり切れるまで計算しましょう。　1つ5点→30点

① 1.9)7.6　　② 2.6)1.3　　③ 5.5)4.4

④ 0.8)2.8　　⑤ 1.2)5.4　　⑥ 2.5)9.5

学習のポイント
小数÷小数の答えの小数点の位置は、わる小数の小数部分のけた数だけ、わられる小数の小数点を右に移《うつ》します。

得点《とくてん》
点

シール

4 わり切れるまで筆算で計算しましょう。 1つ6点→36点

① $8.04 \div 6.7$　　② $4.84 \div 8.8$

③ $7.08 \div 5.9$　　④ $1.77 \div 0.3$

⑤ $2.86 \div 0.65$　　⑥ $8.12 \div 0.58$

5 長さが4.5 mで重さが7.2kgのくさりがあります。このくさり1mの重さは何kgでしょうか。 式10点、答え9点→19点

式

答え（　　　　）

算数
8

月　　日

小数のわり算（2）

1 次の計算をしましょう。商は一の位まで求めて、あまりも出しましょう。

1つ4点→16点

① 8.2 ÷ 6.1 ＝

② 28.8 ÷ 4.6 ＝

③ 3.5 ÷ 1.4 ＝

④ 67.3 ÷ 9.4 ＝

2 筆算で計算しましょう。商は小数第一位まで求めて、あまりも出しましょう。

1つ5点→20点

① 11.2 ÷ 9.8

② 31.6 ÷ 8.9

③ 73.7 ÷ 13.2

④ 66.9 ÷ 86.7

学習のポイント

小数÷小数のあまりの小数点の位置は、わられる小数のもとの位置のままで移動《いどう》しません。あまりは、わる数より必ず小さいです。

得点《とくてん》

点

シール

3 次の計算で、商を四捨五入《ししゃごにゅう》して、$\frac{1}{10}$の位までのがい数で求めましょう。

1つ5点→20点

① 22.1 ÷ 6.7 ＝

② 5.99 ÷ 2.6 ＝

③ 60.5 ÷ 4.7 ＝

④ 54.3 ÷ 5.5 ＝

4 次の計算で、商を四捨五入《ししゃごにゅう》して、$\frac{1}{100}$の位までのがい数で求めましょう。

1つ4点→8点

① 6.34 ÷ 7.2 ＝

② 72.1 ÷ 3.9 ＝

5 16.4kg の米を 1.2kg ずつふくろに入れます。何ふくろできて、米は何 kg あまりますか。

式9点、答え9点→18点

式

答え（　　　　　　　　　　　　）

6 8.5L の水を、水とうに 0.7L ずつそそいでいきます。0.7L 入りの水とうは何本できて、水は何 L あまりますか。

式9点、答え9点→18点

式

答え（　　　　　　　　　　　　）

月　　日

合同な図形

1 図形(あ)、(い)と合同な図形を、図形(う)～(く)からそれぞれ１つ選びましょう。

1つ8点→16点

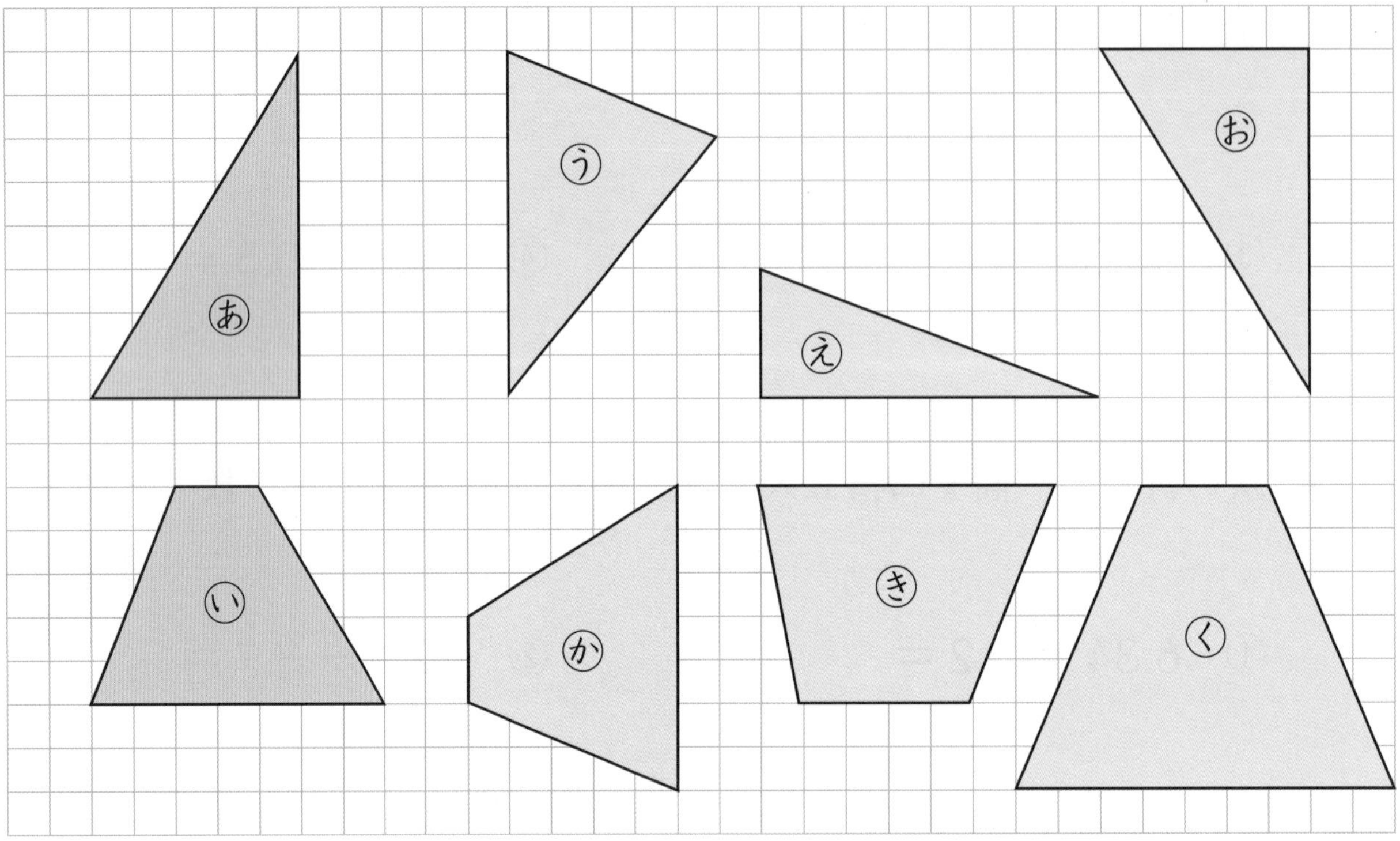

(あ)と合同な図形（　　　　　）　　(い)と合同な図形（　　　　　）

2 ひし形に対角線を２本引いた図があります。次の問いに答えましょう。

1つ8点→24点

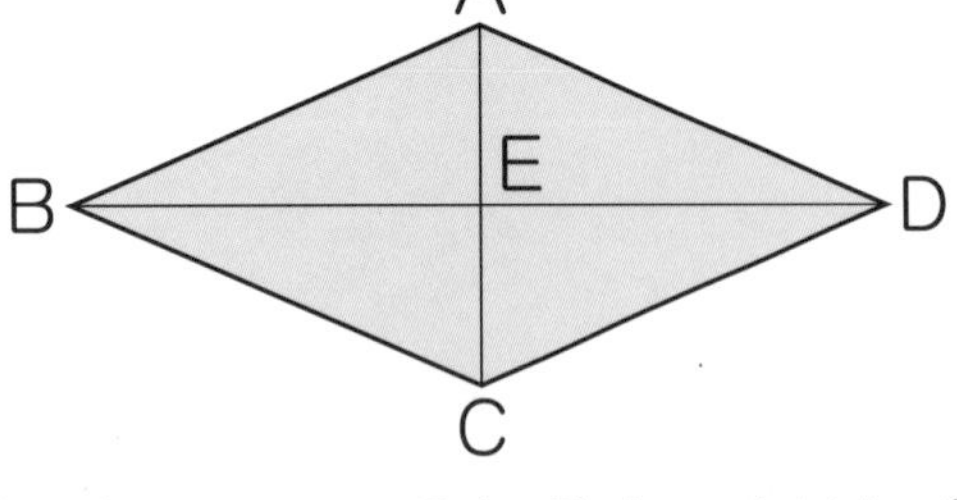

① 三角形ABDと合同な三角形はどれですか。（　　　　　）

② 辺AEと同じ長さの辺はどれですか。（　　　　　）

③ 辺ABと同じ長さの辺を全部書きましょう。

（　　　　　　　　　　　　）

学習のポイント

合同な図形とは、ぴったり重なる図形のことです。したがって対応《たいおう》する辺の長さ、角の大きさも同じです。

得点《とくてん》

点

シール

3 四角形 ABCD と四角形 EFGH は合同です。次の問いに答えましょう。

1つ10点→40点

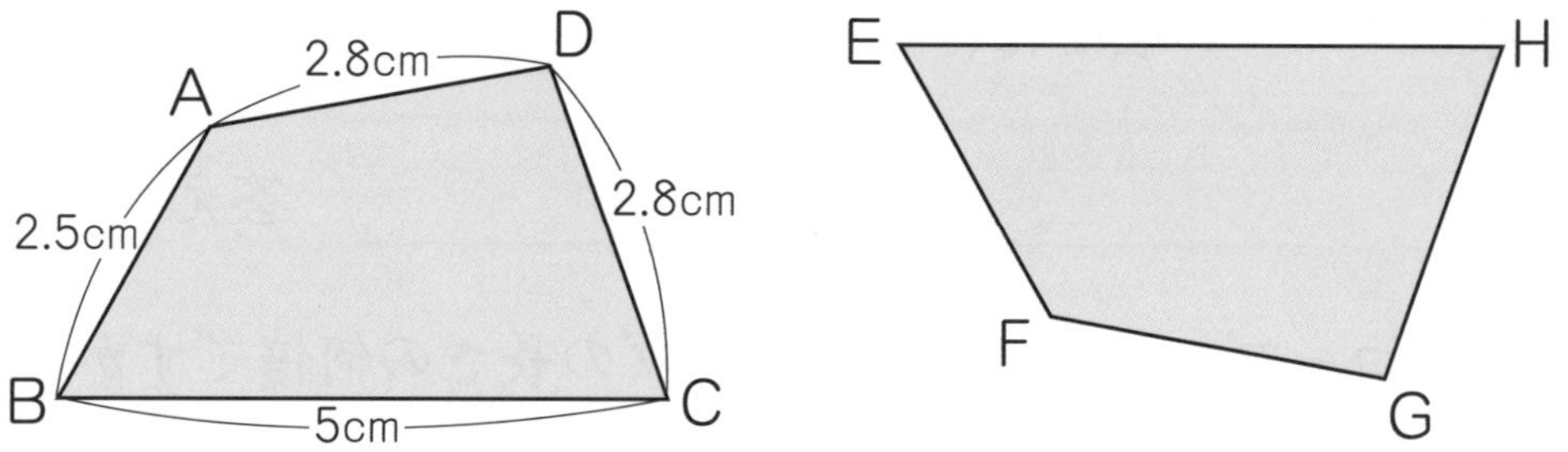

① 頂点《ちょうてん》A に対応《たいおう》する頂点《ちょうてん》はどれですか。

（　　　　）

② 辺 AD に対応《たいおう》する辺はどれですか。

（　　　　）

③ 角 C に対応《たいおう》する角はどれですか。

（　　　　）

④ 辺 EF の長さは何 cm ですか。

（　　　　）

4 合同な三角形のかき方は３通りあります。□にあてはまる数字や言葉を書きましょう。

1つ4点→20点

① □ つの辺の長さをはかる。

② □ つの辺の長さと、その間の □ の大きさをはかる。

③ □ つの辺の長さと、その両はしの □ の大きさをはかる。

月　　日

小数の倍

1 赤いロープが11m、青いロープが5m、白いロープが3mあります。

式4点、答え3点→14点

① 赤いロープの長さは、青いロープの長さの何倍ですか。

式 ＿＿＿＿＿＿＿＿＿＿　答え（　　　　）

② 白いロープの長さは、青いロープの長さの何倍ですか。

式 ＿＿＿＿＿＿＿＿＿＿　答え（　　　　）

2 A、B、Cの3種類の肉があり、100gのねだんを調べると、Aは414円、Bは115円、Cは276円でした。

式4点、答え4点→16点

① Aの肉100gのねだんは、Bの肉100gのねだんの何倍ですか。

式 ＿＿＿＿＿＿＿＿＿＿　答え（　　　　）

② Cの肉100gのねだんは、Bの肉100gのねだんの何倍ですか。

式 ＿＿＿＿＿＿＿＿＿＿　答え（　　　　）

3 家から学校までのきょりは1.5km、家から駅までのきょりは4.8kmあります。

式4点、答え4点→16点

① 家から駅までのきょりは、家から学校までのきょりの何倍ですか。

式 ＿＿＿＿＿＿＿＿＿＿　答え（　　　　）

② 家から公園までのきょりは2.4kmでした。家から駅までのきょりの何倍ですか。

式 ＿＿＿＿＿＿＿＿＿＿　答え（　　　　）

学習のポイント

「比《くら》べられる量」÷「もとにする量」＝「倍」です。倍は、小数でも表せます。2÷4＝0.5倍、3.72÷1.2＝3.1倍などです。

得点《とくてん》

点

シール

4 次の問題に答えましょう。　式5点、答え4点→18点

① 0.6Lのジュースと、ジュースの3.5倍の量のお茶があります。お茶の量は何Lですか。

式　　　　　　答え（　　　）

② りかさんの体重は36.5kgで、妹の体重はりかさんの0.8倍でした。妹の体重は何kgでしょうか。

式　　　　　　答え（　　　）

5 スーパーで1個《こ》120円のトマトが96円に、1本96円のキュウリが72円にねびきして売られています。それぞれのねびき後のねだんは、もとのねだんの何倍でしょうか。　式5点、答え4点→18点

トマト　式　　　　　　答え（　　　）

キュウリ　式　　　　　　答え（　　　）

6 赤色、青色、黄色のリボンがあります。黄色のリボンの長さは35cmです。黄色のリボンをもとにすると、赤色のリボンは2.2倍、青色のリボンは0.7倍の長さです。赤色と青色のリボンはそれぞれ何cmですか。

式5点、答え4点→18点

赤色　式　　　　　　答え（　　　）

青色　式　　　　　　答え（　　　）

月　　日

図形の角

1 ㋐〜㋕の角の大きさを、計算で求めましょう。　1つ7点→42点

①

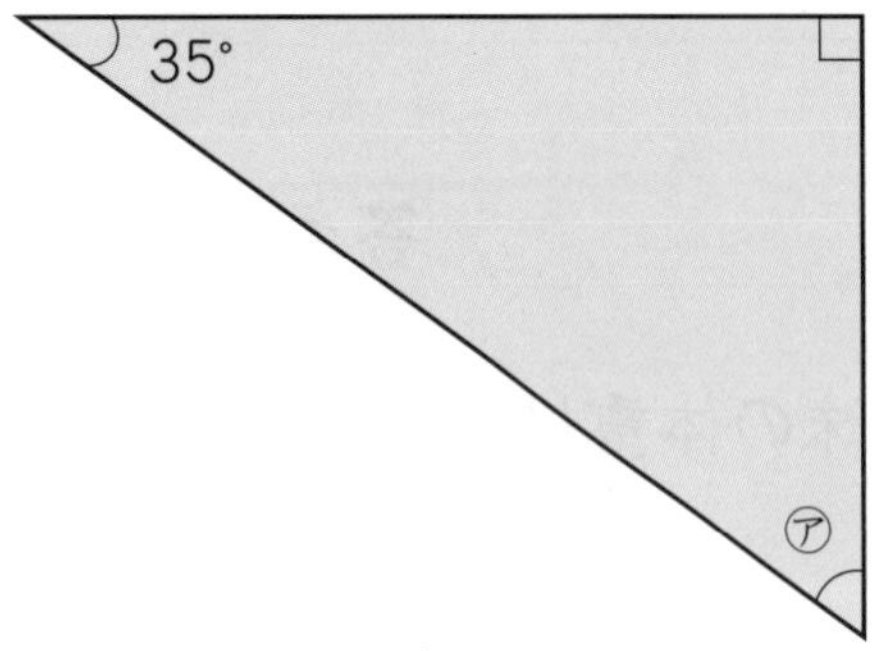

㋐ (　　　　　　)

② 二等辺三角形

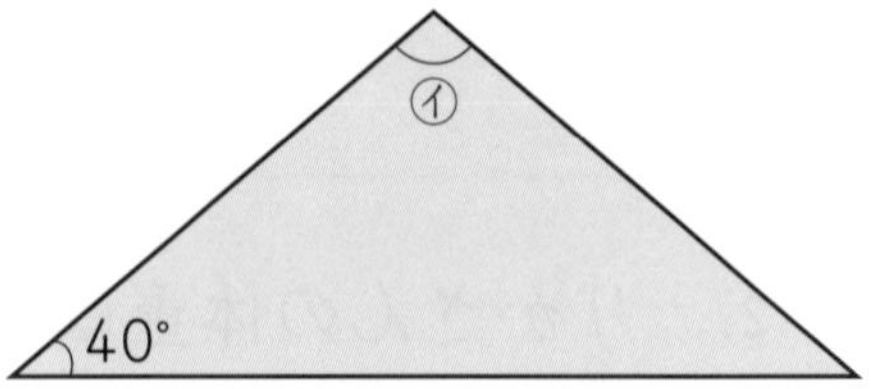

㋑ (　　　　　　)

③

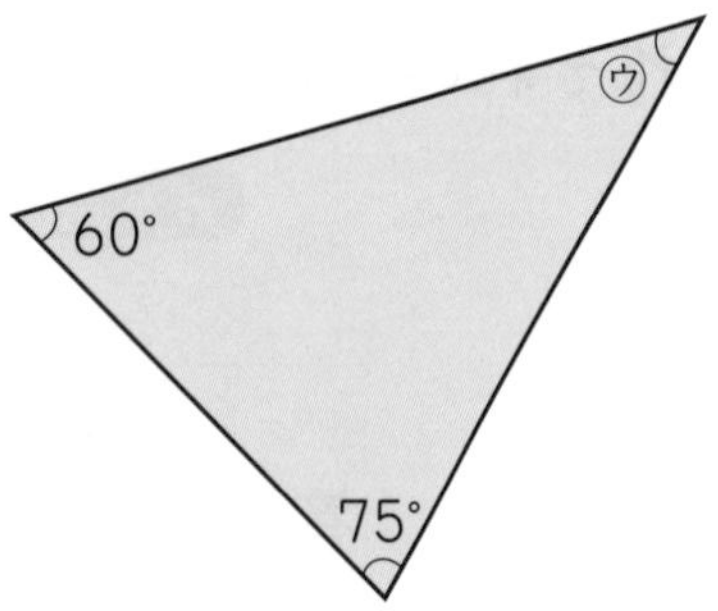

㋒ (　　　　　　)

④

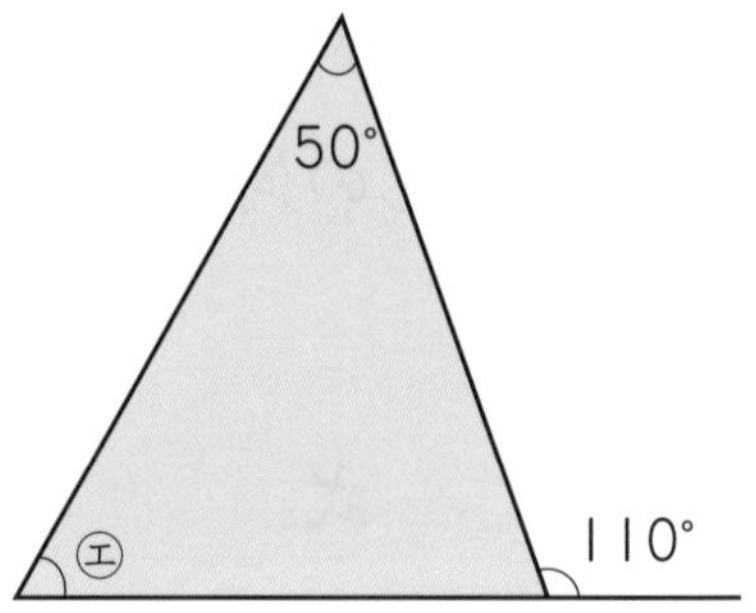

㋓ (　　　　　　)

⑤

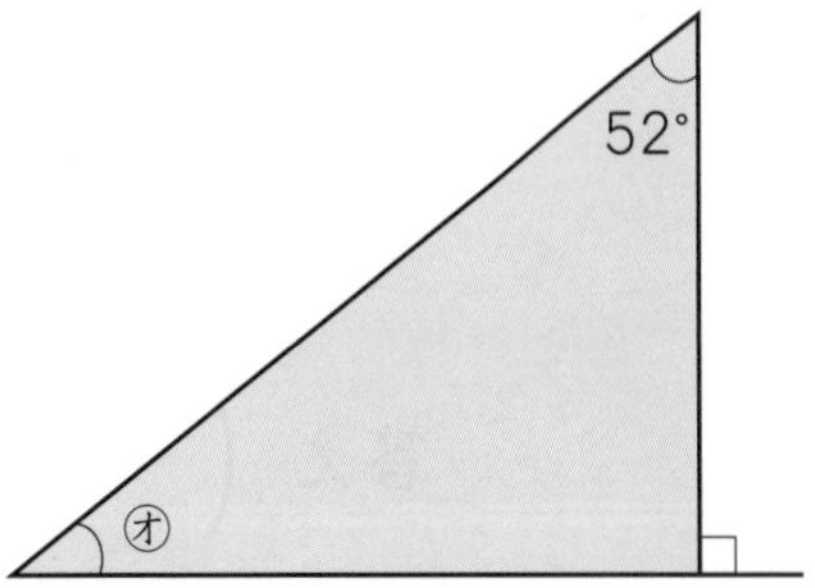

㋔ (　　　　　　)

⑥

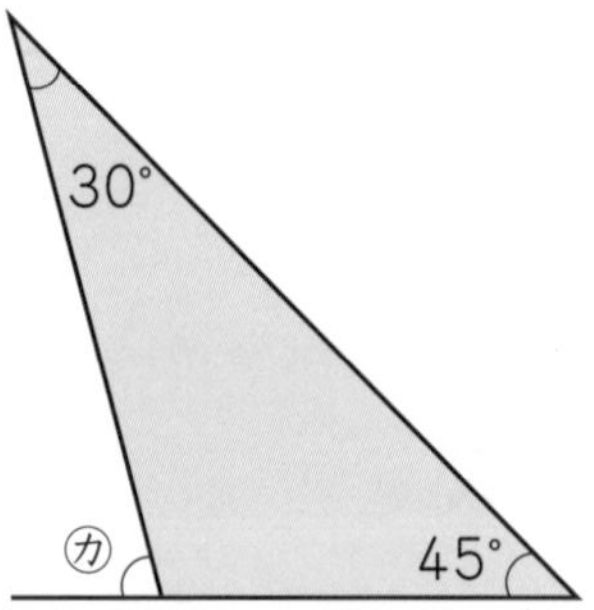

㋕ (　　　　　　)

学習のポイント

三角形の三つの角の大きさの和が180°であることを理解していれば、四角形、五角形、六角形などの角の和は、計算で求められます。

得点《とくてん》　　点

シール

2 ㋐、㋑の角の大きさを、計算で求めましょう。　1つ8点→16点

①

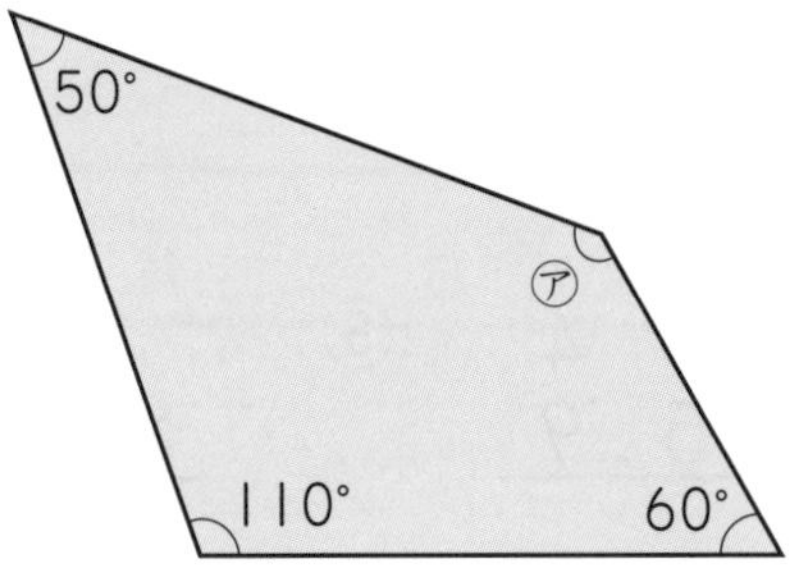

②

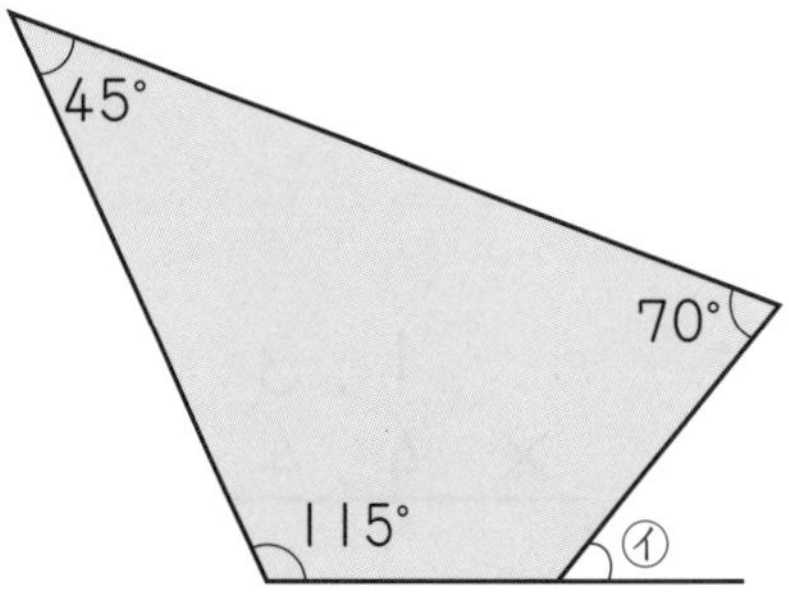

㋐（　　　　　）　㋑（　　　　　）

3 下のような五角形があります。　1つ8点→24点

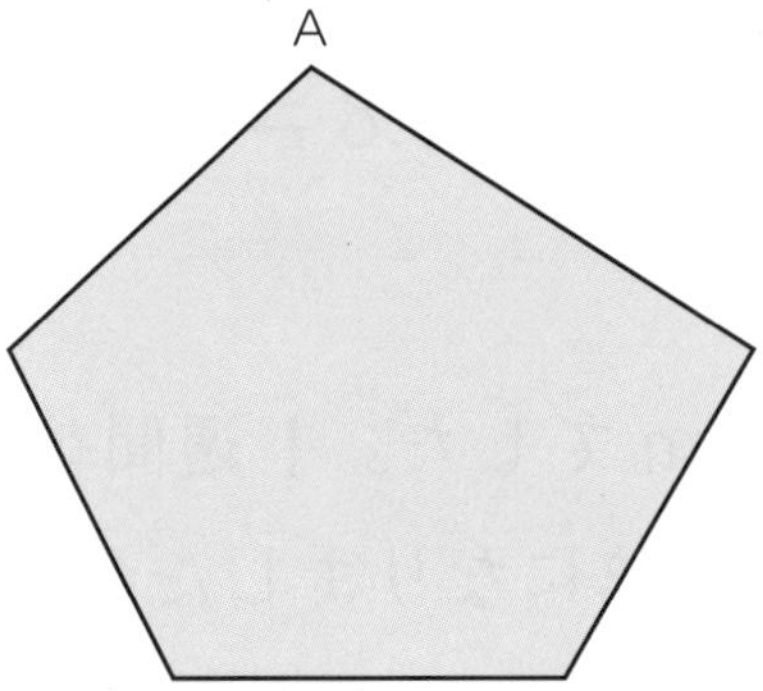

① 頂点《ちょうてん》Aから対角線を引きます。全部で何本引けますか。

（　　　　　）

② 対角線を引いてできた三角形は何個《なんこ》ですか。

（　　　　　）

③ 五角形の角の大きさの和は何度でしょうか。

（　　　　　）

4 次の多角形の角の大きさの和を求めましょう。　1つ9点→18点

① 六角形

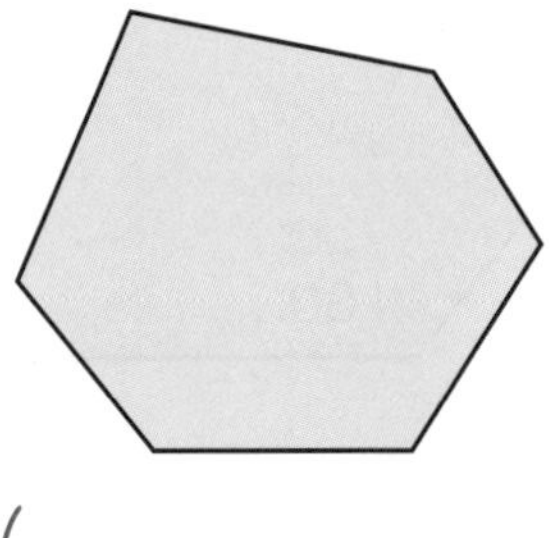

（　　　　　）

② 七角形

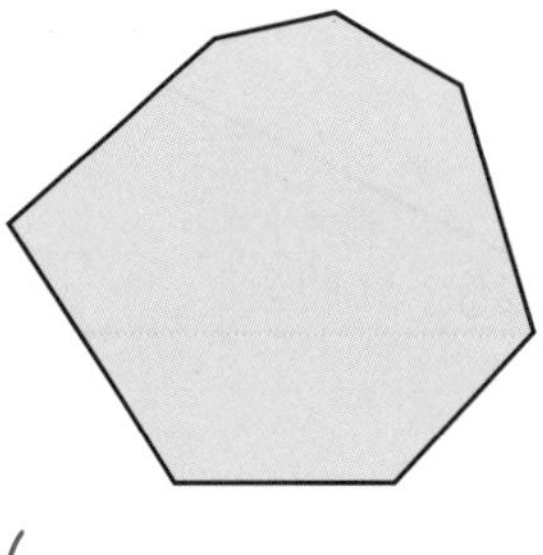

（　　　　　）

算数 12

月　日

まとめ

1 次の計算をしましょう。　1つ4点→20点

① $0.3 \times 3 =$　　② $70 \times 0.7 =$

③
$$\begin{array}{r} 1.3 \\ \times\ 4.4 \\ \hline \end{array}$$

④
$$\begin{array}{r} 8.34 \\ \times\ 5.9 \\ \hline \end{array}$$

⑤
$$\begin{array}{r} 11.42 \\ \times\ 2.53 \\ \hline \end{array}$$

2 次の計算をわり切れるまでしましょう。　1つ4点→8点

① $3.72 \div 3.1 =$　　② $3.64 \div 0.8 =$

3 ヒマワリのくきの高さを測《はか》ったら、56.5cmでした。1週間後に測《はか》ると90.4cmになっていました。くきの高さは何倍になりましたか。

式5点、答え5点→10点

式

答え（　　　）

4 次の図形の㋐と㋑の角の大きさを計算で求めましょう。　1つ6点→12点

①

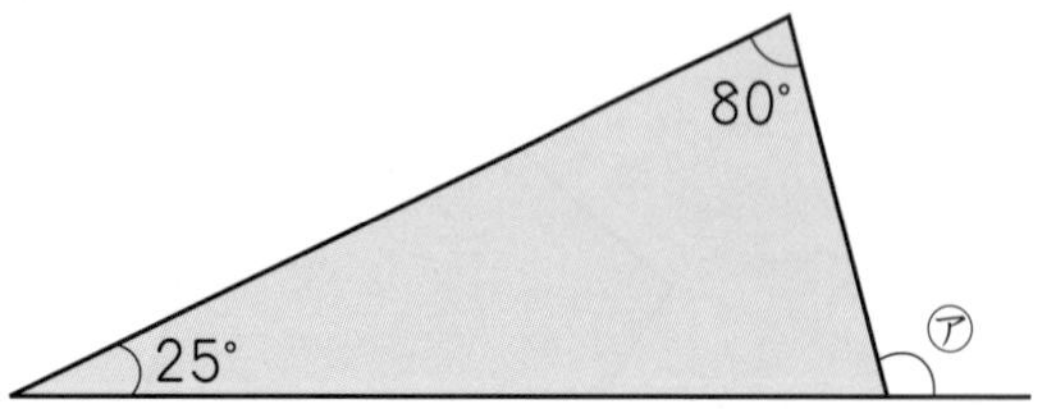

②

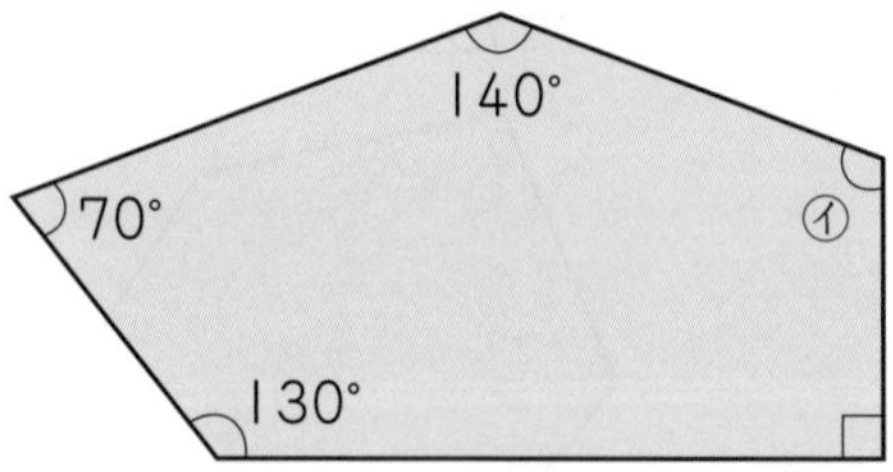

㋐（　　　）　　㋑（　　　）

学習のポイント

いろいろな問題があります。数値《すうち》が大きいものもあります。落ち着いて解《と》いてください。

得点《とくてん》

点

シール

5 次の立体の体積を求めましょう。

式8点、答え8点→16点

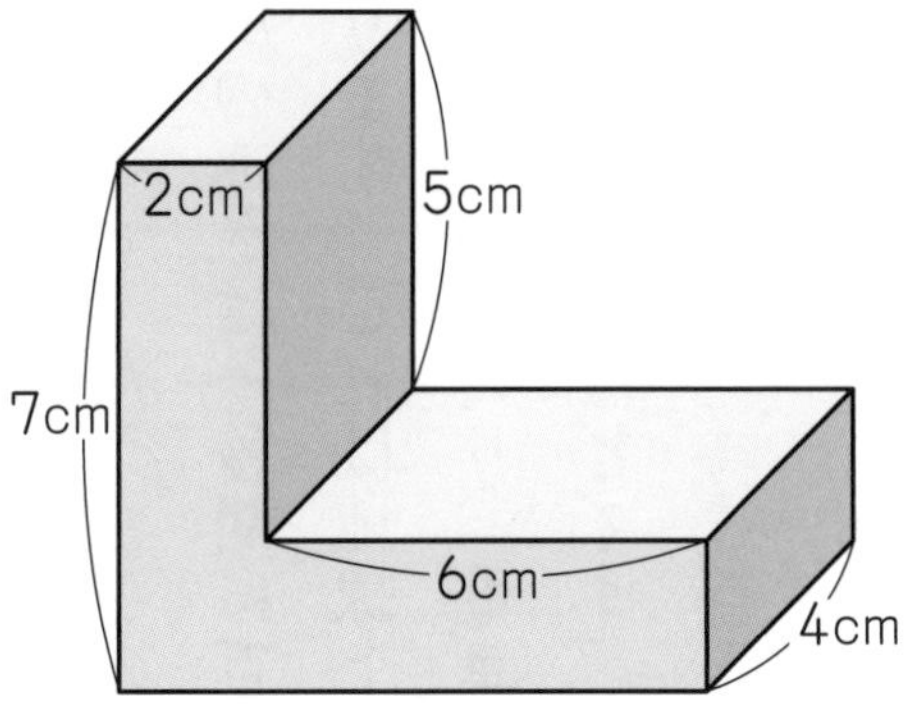

式

答え（　　　　　　）

6 厚《あつ》さ 1.5cm の板で下のような箱を作りました。この箱の容積《ようせき》は何 cm^3 になりますか。

式9点、答え9点→18点

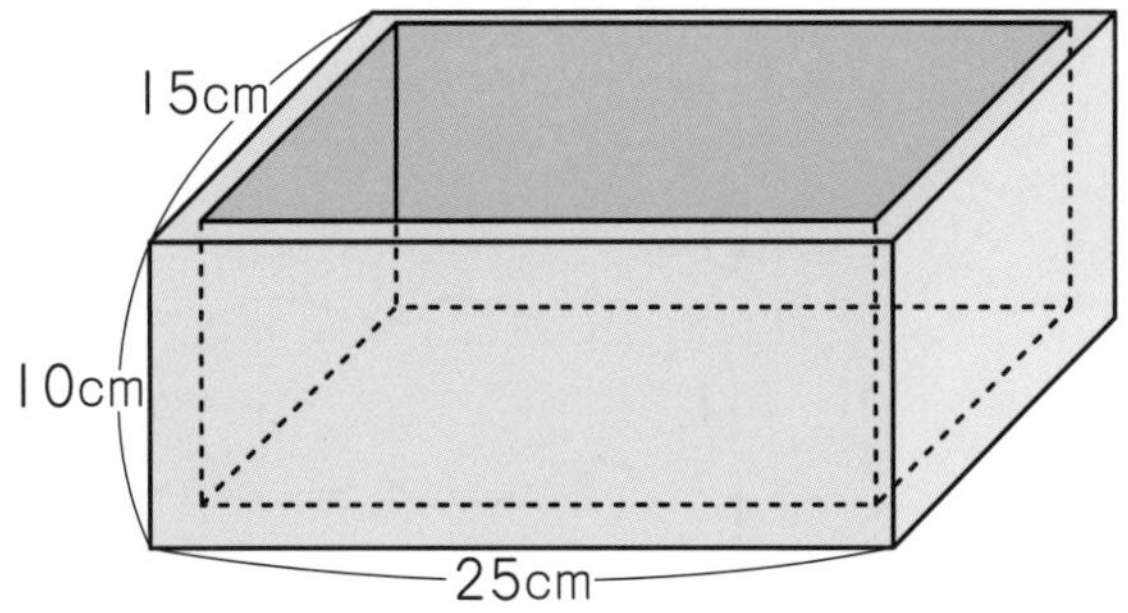

式

答え（　　　　　　）

7 リボンが 6.3m あります。1.5m ずつ切っていくと 1.5m のリボンは何本できて、何 m あまりますか。

式8点、答え8点→16点

式

答え（　　　　　　）

3 次の説明文を読んで、問題に答えましょう。

たつまきは、地上から雲までつながった、はげしい空気のうずまきです。たつまきの風は、とても強い力があり、風の速さは一秒間に百メートル以上になることがあります。これは地球上でふく最も強い風といわれ、家をこわしたり、電車や自動車をひっくり返したりしてしまうほどです。また、移動《いどう》することも多く、その速度は、時速百キロメートルをこえることもあります。

たつまきは、主に「積《せき》らん雲《うん》」とよばれる雲があるときに起こります。雲からたれ下がったうずまきが地上につながって、空気が地上から上空へとはげしくふき上げられて起きます。このとき上空では空気がとてもうすくなったところができて、①そこをうめるために、地上から空気がすい上げられていくのです。

たつまきは、せまい地いきで急に発生して、ふいに消えてしまうことが多いため、いつ発生したのか、どのくらいの強さの風がふいたのかなど、②観測《かんそく》することがむずかしい現象《げんしょう》です。

① たつまきの説明で正しいものに○をつけましょう。 9点

( ) 一秒に百メートル移動《いどう》する。
( ) 地上では風はそれほど強くない。
( ) 空気がうずをまいている。

② ①——「そこ」とは、どこでしょうか。 9点

( ) 積《せき》らん雲《うん》の上空。
( ) 空気がとてもうすくなったところ。
( ) 地上につながったところ。

③ ②——たつまきを「観測《かんそく》することがむずかしい」理由を書きましょう。 10点

( )

13 国語 まとめ

月　日

学習のポイント
最後に漢字の読みとりと書きとりを練習し、説明文も正しく読みとれるようにしましょう。

得点《とくてん》
点

シール

1 □に漢字を書きましょう。　1つ3点→36点

① □□《かくりつ》が高い。
② □□《じょうほう》が多い。
③ □□□《ほけんしょう》
④ □□《じょうしき》的《てき》な考え。
⑤ 国家の□□《とういつ》。
⑥ 馬が□《あば》れる。
⑦ □□□《けつえきがた》
⑧ 母の□□《しょくぎょう》。
⑨ 強い□□《せいしん》。
⑩ 大□《よろこ》び
⑪ 体重□□《そくてい》
⑫ □□《じょうやく》を結ぶ。

2 ——の漢字の読みがなを書きましょう。　1つ3点→36点

① 別室へ導く。（　　）
② 素質がある。（　　）
③ 飼育係になる。（　　）
④ するどい眼光。（　　）
⑤ 規則を守る。（　　）
⑥ 羽織を着る。（　　）
⑦ 永遠に残す。（　　）
⑧ 省略する（　　）
⑨ 他人の空似。（　　）
⑩ 能弁に語る。（　　）
⑪ 利益を得《え》る。（　　）
⑫ 医学を修める。（　　）

2

次の詩を読んで、問題に答えましょう。

星とたんぽぽ

金子みすゞ

青いお空の底ふかく、
海の小石のそのように
夜がくるまで沈《しず》んでる、
①昼のお星は眼《め》にみえぬ。
　見えぬけれどもあるんだよ、
　見えぬものでもあるんだよ。

散ってすがれた*たんぽぽの、
瓦《かわら》のすきに、だァまって、
春のくるまでかくれてる、
つよいその根は眼《め》にみえぬ。
　②見えぬけれどもあるんだよ、
　見えぬものでもあるんだよ。

*すがれた　かれはじめた。

① ①――「昼のお星」は、どこにしずんでいると書かれていますか。　10点

（　　　　　　　　）

② ①――「昼のお星」は、何と同じようだと書かれていますか。　10点

（　　　　　　　　）

③ ②――「見えぬけれどもある」ものを詩の中からぬき出して六字で答えましょう。　20点

④ この詩から作者が伝えたいと考えられることを一つ選びましょう。　15点

（　）目に見えないものは実際《じっさい》にあるかどうかはわからない。
（　）はっきり見えるものが大切だから守ってほしい。
（　）目に見えないけれども存在《そんざい》するものに気づいてほしい。

12 国語

詩の読みとり

月　日

1 次の詩を読んで、問題に答えましょう。

犬

金子みすゞ

うちの*だりあの咲《さ》いた日に
酒屋のクロは死にました。

おもてであそぶわたしらを、
いつでも、おこるおばさんが、
①おろおろ泣いて居《お》りました。

その日、学校でそのことを
おもしろそうに、話してて、
ふっとさみしくなりました。

*だりあ　ダリヤ。夏に赤色や黄色の花をつける。

① おばさんは、なぜ泣いていたのですか。 15点

（　　　　）

② ①「おろおろ」はどのような様子ですか。あてはまるものに○をつけましょう。 15点

（　）落ち着きをなくしている様子。
（　）静かに落ち着いている様子。
（　）わざとらしくはげしい様子。

③ 作者は、ふだんはおばさんのことをどう思っていたか、正しいと思うものに○をつけましょう。 15点

（　）すぐに泣く弱い人だ。
（　）いつもおこるからいやな人だ。
（　）犬をかわいがるやさしい人だ。

学習のポイント
どのような場面がえがかれていて、作者は何を伝えたいのかを考えましょう。

得点《とくてん》　　点

シール

和語・漢語・外来語

月　日

学習のポイント
和語・漢語・外来語の特ちょうを知り、ふさわしい言葉を選べるようにしましょう。

得点《とくてん》
点

シール

1 次の言葉は㋐和語、㋑漢語、㋒外来語のどれでしょうか。記号で答えましょう。 1つ5点→30点

① 月見（　　）
② 資源《しげん》（　　）
③ 幸せ（　　）
④ ピアノ（　　）
⑤ コーヒー（　　）
⑥ 幸福（　　）

2 次の文の――を和語に変えて、文を書き直しましょう。 1つ10点→20点

① 練習の開始時間を確認します。
（　　　　　　　　）

② 登山をすることに決定しました。
（　　　　　　　　）

3 □の言葉をあいているところに書いて、表を完成させましょう。 1つ5点→20点

和語	漢語	外来語
速さ		
		ルール

規則《きそく》　スピード　決まり　速度

4 次の文の――を漢語に変えて、文を書き直しましょう。 1つ15点→30点

① 海の生き物が減《へ》った。
（　　　　　　　　）

② 招《まね》かれた客で混《こ》んでいた。
（　　　　　　　　）

敬語《けいご》（２）

月　日

学習のポイント
実際《じっさい》に敬語《けいご》を使えるように練習しましょう。

得点《とくてん》
点

シール

1 文に合うように——の部分を、敬語《けいご》に直しましょう。 1つ10点→50点

① 市長さんが、運動会に来た。
（　　　）

② となりのおばさんにケーキをもらった。
（　　　）

③ 校長先生に聞きたい。
（　　　）

④ お客様を夕食によんだ。
（　　　）

⑤ おじさんが旅行のおみやげをくれた。
（　　　）

2 次の——の部分を、正しく直しましょう。 1つ10点→50点

① わたしが、給食をめし上がる。
（　　　）

② わたしの話をうかがってください。
（　　　）

③ わたしの母が、そうおっしゃいました。
（　　　）

④ 妹も、ごらんになると思います。
（　　　）

⑤ もうすぐ兄がお出かけになる。
（　　　）

4

——の敬語《けいご》の種類を□から選んで記号で答えましょう。 1つ5点→30点

① 庭でとれた野菜を差し上げる。（　　）

② 上田さんから野菜をいただいた。（　　）

③ 野菜がたくさんあります。（　　）

④ お客様がいらっしゃるのでかたづけた。（　　）

⑤ 校長先生がおっしゃった。（　　）

⑥ 明日はわたしがうかがう。（　　）

㋐尊敬語《そんけいご》	㋑ていねい語	㋒けんじょう語

5

次の文の中で、敬語《けいご》を使っているところに——を引きましょう。五つあります。 1つ6点→30点

五年一組のクラス会に、北川先生をおよびすることになった。

クラス会の日、約束より早い時間に、先生はいらっしゃった。

大野くんたちがていねいにご案内したので、北川先生は、みんなが敬語《けいご》をきちんと使えるようになったことを、とてもほめてくださった。

クラス会はもりあがった。

北川先生への感謝《かんしゃ》の気持ちをこめて、みんなで演《えん》そうやろう読をした。

最後に、みんなで作ったプレゼントを北川先生におわたしした。

9 国語 敬語《けいご》（1）

月　日

学習のポイント
敬語《けいご》には「尊敬語《そんけいご》」「けんじょう語」「ていねい語」があることを学びましょう。

得点《とくてん》　　点

シール

1 相手や話の中の人物をうやまう気持ちを表すため、尊敬語《そんけいご》（「いらっしゃる」「おっしゃる」などの特別な言葉、「お（ご）〜になる」という言い方、言葉に「お」や「ご」を付けた言い方など）を使います。次の——の部分を、尊敬語《そんけいご》に直して（　）に書きましょう。 1つ5点→20点

① 校長先生が来る。（　　　）

② 夢《ゆめ》のなかで、おじぞう様がおにぎりをくれた。（　　　）

③ 先生が、話します。（　　　）

④ 社長の考えがよくわかりました。（　　　）

2 けんじょう語は、自分や身内の動作をけんそんして言うことで、相手への敬意《けいい》を表します。次の——の部分を、けんじょう語に直して（　）に書きましょう。 1つ5点→10点

① お願いに行きます。（　　　）

② お客様を待っています。（　　　）

3 ていねい語は、言葉の最後に「です」「ます」を使って、相手に敬意《けいい》を表します。次の——の部分を、ていねい語に直して（　）に書きましょう。 1つ5点→10点

① わたしは、学校に行く。（　　　）

② ご注文の品は、これだ。（　　　）

の親類か何かなんだよ。」
　こんな調子です。おお、よだかでないただのたかならば、こんな＊生《なま》はんかの②ちいさい鳥は、もう名前を聞いただけでも、ぶるぶるふるえて、顔色を変えて、からだをちぢめて、木の葉のかげにでもかくれたでしょう。ところがよだかは、ほんとうはたかの兄弟でも親類でもありませんでした。かえって、よだかは、あの美しいかわせみや、鳥の中の宝石《ほうせき》のようなはちすずめの兄さんでした。はちすずめは花のみつをたべ、かわせみはお魚をたべ、よだかは羽虫をとってたべるのでした。それによだかには、するどいつめもするどいくちばしもありませんでしたから、どんなに弱い鳥でも、よだかをこわがるはずはなかったのです。
　③それなら、たかという名のついたことは不思議なようですが、これは、一つはよだかのはねがむやみに強くて、風を切ってかけるときなどは、まるでたかのようにに見えたことと、も一つはなきごえがするどくて、やはりどこかたかに似《に》ていたためです。

＊一間《いっけん》　「間《けん》」は長さの単位で一間は約一・八メートル。
＊しんねり　むっつり。
＊生《なま》はんか　ちゅうとはんぱ。

（『よだかの星』宮沢賢治《みやざわけんじ》）

（　）たかは生《なま》はんかの鳥だ。
（　）たかはこわい鳥だ。
（　）たかはこわがりな鳥だ。

④ よだかとたかは、どのような関係でしょうか。□にあてはまる言葉を文中からぬき出して説明しましょう。　1つ15点→30点

よだかは名前にたかとつくが、
たかの□□でも□□でもない。

⑤ ③――よだかには、なぜ「たか」という名がついているのでしょうか。あてはまるものを二つ選んで○をつけましょう。　1つ15点→30点

（　）かわせみや、はちすずめの兄さんだから。
（　）鳴き声がするどいから。
（　）はねが美しいから。
（　）飛ぶすがたがたかに似《に》ているから。

8 国語

物語の読みとり

月　日

学習のポイント
鳥たちの会話や行動から、よだかがどのように思われているのかを読みとりましょう。

得点《とくてん》
点

シール

1 次の物語を読んで、問題に答えましょう。

よだかは、実にみにくい鳥です。

顔は、ところどころ、みそをつけたようにまだらで、くちばしは、ひらたくて、耳までさけています。

足は、まるでよぼよぼで、*一間《いっけん》とも歩けません。
①ほかの鳥は、もう、よだかの顔を見ただけでも、いやになってしまうというぐあいでした。
たとえば、ひばりも、あまり美しい鳥ではありませんが、よだかよりは、ずっと上だと思っていましたので、夕方など、よだかにあうと、さもさもいやそうに、*しんねりと目をつぶりながら、首をそっぽへ向けるのでした。もっとちいさなおしゃべりの鳥などは、いつでもよだかのまっこうから悪口をしました。

「ヘン。また出て来たね。まあ、あのざまをごらん。ほんとうに、鳥の仲間のつらよごしだよ。」

「ね、まあ、あの口の大きいことさ。きっと、かえる

(1) ①――なぜ、「いやになってしまう」のでしょうか。□にあてはまる言葉を文中からぬき出して答えましょう。（20点）

よだかは実に □□□□ 鳥だから。

(2) ひばりはよだかに対して、どのような態度をとりますか。あてはまるものに○をつけましょう。（10点）

（　）会うたびに悪口を言う。

（　）無視《むし》して横を向く。

（　）こっちを見るなとおどす。

(3) ②――「ちいさい鳥」は、たかについてどう感じているでしょうか。あてはまるものを一つ選んで○をつけましょう。（10点）

ことわざと慣用句《かんようく》

月　日

学習のポイント
ことわざや慣用句《かんようく》の意味や使い方をよく理解《りかい》し、ふだんの会話でも使えるようにしましょう。

得点《とくてん》　　点

シール

1 次のことわざと似た意味のことわざを□から選んで記号で答えましょう。　1つ8点→40点

① 河童《かっぱ》の川流れ　（　　）
② 蛙《かえる》の子は蛙《かえる》　（　　）
③ 泣きっ面《つら》に蜂《はち》　（　　）
④ 二《に》兎《と》を追う者は一兎《いっと》をも得ず　（　　）
⑤ 豚《ぶた》に真珠《しんじゅ》　（　　）

㋐瓜《うり》のつるになすびはならぬ　㋑虻蜂《あぶはち》取らず
㋒猫《ねこ》に小判《こばん》　㋓弘法《こうぼう》にも筆の誤《あやま》り
㋔弱り目にたたり目

2 □に顔の部分を表す漢字を入れて、慣用句《かんようく》を完成させましょう。　1つ8点→32点

① □にたこができる
② □を丸くする
③ □を明かす
④ □がすべる

3 次の（　）に入る慣用句《かんようく》を□から選んで、記号で答えましょう。　1つ7点→28点

① 試合の相手が強すぎて、（　　）。
② （　　）うわさを信じちゃいけないよ。
③ 一日中歩いて、（　　）。
④ （　　）性格《せいかく》なので、宿題は何度も見直す。

㋐足が棒《ぼう》になる　㋑根も葉もない
㋒石橋をたたいてわたる　㋓手も足も出ない

漢字の成り立ち

月　日

学習のポイント
漢字の成り立ちがわかると、意味や読み方への理解《りかい》が深まります。

得点《とくてん》
点

シール

1

次の漢字の成り立ちを□から選んで記号で答えましょう。

1つ4点→36点

① 上（　　）
② 因（　　）
③ 象（　　）
④ 河（　　）
⑤ 末（　　）
⑥ 張（　　）
⑦ 雨（　　）
⑧ 銅（　　）
⑨ 品（　　）

㋐物の形をかたどってつくられた。（象形《しょうけい》文字）
㋑意味や図形を記号で表した。（指事《しじ》文字）
㋒二つ以上の漢字の意味を組み合わせた。（会《かい》意《い》文字）
㋓音を表す部分と意味を表す部分とを組み合わせた。（形声《けいせい》文字）

2

次の組み合わせでできた漢字を□に書きましょう。

1つ6点→24点

①「火」と「然」→□
②「分」と「貝」→□
③「林」と「示」→□
④「糸」と「色」→□

3

次の漢字の音を表す部分を㋐に、意味を表す部分を㋑に書きましょう。

1つ5点→40点

① 飼　㋐（　　）　㋑（　　）
② 版　㋐（　　）　㋑（　　）
③ 現　㋐（　　）　㋑（　　）
④ 効　㋐（　　）　㋑（　　）

3 形が似《に》ている漢字に気をつけて、□に正しい漢字を書きましょう。

1つ2点→24点

① 特別な□《こう》造《ぞう》をした□《こう》堂《どう》がある。

② 想《そう》□《ぞう》がつかなかった現《げん》□《しょう》だ。

③ □《ふく》雑《ざつ》な土器を正確《せいかく》に□《ふく》元《げん》する。

④ □《せい》鉄所《てつじょ》の□《せい》服《ふく》を着た人がいた。

⑤ 木の□《えだ》を落とすにも□《ぎ》術《じゅつ》が必要だ。

⑥ 運《うん》□《が》を航行《こうこう》することが□《か》能《のう》になった。

4 次の文の□に漢字を書きましょう。

1つ2点→24点

① 町の□《れき》□《し》を調べた□《ほう》□《こく》書《しょ》を、コンクールに□《てい》□《しゅつ》した。

② □《まね》きねこの□《ちょ》□《きん》□《ばこ》から□《き》□《ふ》□《きん》を出した。

③ 兄は□《げん》□《ざい》も□《こっ》□《きょう》の町で□《い》□《し》として働いています。

④ あの□《さん》□《みゃく》からとれる□《きん》□《ぞく》は□《ゆ》□《しゅつ》□《ひん》となる。

5 国語 漢字の書きとり

月　日

1 □には同じ読み方をする漢字が入ります。正しい漢字を書きましょう。

1つ2点→28点

① えい　㋐ □業《ぎょう》　㋑ □星《せい》

② きん　㋐ 平《へい》□　㋑ □止《し》

③ かい　㋐ □適《てき》　㋑ □決《けつ》

④ さん　㋐ □成《せい》　㋑ □性《せい》

⑤ さい　㋐ □害《がい》　㋑ 実《じっ》□　㋒ □集《しゅう》

⑥ はん　㋐ □罪《ざい》　㋑ □断《だん》　㋒ □画《が》

2 次の文の□に漢字を書きましょう。

1つ2点→24点

① 校《こう》□《しゃ》に入るには□《きょ》□《か》が必要だ。

② □《よう》器《き》に□《あつ》力《りょく》をかける。

③ □《ぼう》□《えき》で□《ざい》産《さん》を□《きず》いた。

④ わたしの先《せん》□《ぞ》は□《ぶ》□《し》だった。

⑤ 大《だい》□《ほう》作《さく》を□《ゆめ》見て畑を□《たがや》す。

学習のポイント
わからなかった漢字は、もう一度練習して、しっかり覚えましょう。

得点《とくてん》　　点

シール

3 ――の漢字の読みがなを書きましょう。

1つ2点→20点

①
- 混雑した町。（　　）
- 材料を混ぜる。（　　）

②
- 小麦粉（　　）
- スギ花粉（　　）

③
- 水が増えた。（　　）
- 水かさが増す。（　　）
- 水量が増加した。（　　）

④
- 停留所（　　）
- 留守番（　　）
- 心に留める。（　　）

4 次の文の――の読みがなを書きましょう。

1つ3点→36点

① 周囲を桜《さくら》に囲まれた公園。（　　）（　　）

② 責任感が強い人に任せよう。（　　）（　　）

③ 決断力がないので断れなかった。（　　）（　　）

④ 久しぶりに持久走にちょう戦した。（　　）（　　）

⑤ 支柱を立てるから、支えてください。（　　）（　　）

⑥ 指示通りに動いたことを示す。（　　）（　　）

4 国語 漢字の読み方

月　日

学習のポイント

読み方が複数《ふくすう》ある漢字もたくさんあります。言葉の意味や送りがなに気をつけて読みましょう。

得点《とくてん》
点

シール

1 ――の漢字の読みがなを書きましょう。

1つ2点→24点

①
毛布（　　）
白い布。（　　）

②
新幹線（　　）
太い幹。（　　）

③
独り言（　　）
独断（　　）

④
肥満（　　）
肥えた土。（　　）

⑤
罪悪感（　　）
罪が重い。（　　）

⑥
妻子（　　）
妻の仕事。（　　）

2 次の文の――の読みがなを書きましょう。

1つ2点→20点

① 息を殺して毒虫《どくむし》に殺虫ざいをかける。（　　）（　　）

② 複雑な地形にある雑木林。（　　）（　　）

③ 読破した本が破れてしまった。（　　）（　　）

④ 大勢で勢いよく飛びこんだ。（　　）（　　）

⑤ よく燃える燃料を使う。（　　）（　　）

大昔の人は、自分の体毛のおかげで寒さをしのぐことができたと考えられるのです。

立毛筋《りつもうきん》をちぢませるのは、交感神経《こうかんしんけい》という神経《しんけい》のはたらきです。交感神経《こうかんしんけい》は、とてもこわかったり、すごくうれしかったりしたときにもはたらきます。そのため、こわくてぞっとしたときや、突然《とつぜん》うれしいことがあったときも、鳥はだが立つのです。

犬やねこがけんかをする相手をおどすときに、うなりながら毛を逆立《さかだ》てていることがあります。あれも鳥はだと同じ現象《げんしょう》です。毛を逆立《さかだ》てると、体が大きく見えます。体が大きければ強く見えて、けんかをしている相手をおどして、追いはらえるかもしれないのです。

大昔の人間も、おそろしい相手と戦わなければならないとき、毛を逆立《さかだ》てて自分を大きく見せていたのかもしれません。鳥はだにはいろいろなはたらきがあったのでしょう。

③ 大昔の人間にとって、寒いときにたくさんの体毛が立ち上がることで、どのような効果《こうか》がありましたか。 15点

（　　　　）

④ □に言葉を入れて、鳥はだが立つ仕組みをまとめましょう。 1つ8点→32点

□□□□という神経《しんけい》のはたらきで、□□□がちぢんで、□が立ち上がり、毛の根元が□□□□□。

⑤ 犬やねこに、鳥はだと同じ現象《げんしょう》が起こるのは、どのようなときですか。 15点

（　　　　）

説明文の読みとり

月　日

学習のポイント
説明文は事実と意見を分けて読みとります。だん落ごとにまとめて読むとわかりやすくなります。

得点《とくてん》
点

シール

1 次の説明文を読んで、問題に答えましょう。

①ふるえあがるぐらい寒いとき、うでを見ると、皮ふに小さなでこぼこができていることがあります。これは鳥の皮に似《に》ているので、「鳥はだ」といいます。

鳥はだが立つのは、毛に付いている立毛筋《りつもうきん》という小さな筋肉《きんにく》のはたらきです。立毛筋《りつもうきん》は横になっている毛を立ち上げる筋肉《きんにく》です。立毛筋《りつもうきん》がちぢむと、それに引っ張《ぱ》られて、毛が立ち上がり、毛の根元がもり上がるので、皮ふがでこぼこになります。

大昔の人間には、体毛がたくさん生えていました。寒くなると立毛筋《りつもうきん》がちぢんで、毛が立ち上がります。このことで、毛と毛のあいだに空気が入ってふわっとなり、体の熱をにがさなくなる効果《こうか》があります。

① 「鳥はだが立つ」とはどのような状態《じょうたい》ですか。次のうち正しいものに○をつけましょう。 8点

（　）皮ふに小さなでこぼこができる。
（　）皮ふが赤みをおびる。
（　）皮ふがとてもかゆくなる。

② 鳥はだが立つのは、①――「ふるえあがるぐらい寒いとき」のほかに、どのようなときですか。文章全体をよく読んで、二つぬき出して書きましょう。 1つ15点→30点

（　　　　）
（　　　　）

3 □に同じ部首の漢字を書きましょう。

1つ2点→32点

①
□《へん》集《しゅう》
成《せい》□《せき》
布《ぬの》を□《お》る。
店の□《けい》営《えい》。

②
一等《いっとう》□《しょう》
□《しつ》問《もん》
本を□《か》す。
作文の□《し》料《りょう》。

③
□《い》動《どう》
□《ぜい》金《きん》
過《か》□《てい》
□《せっ》極的《きょくてき》

④
□《さくら》
点《てん》□《けん》
□《かく》差《さ》
□《ざい》木《もく》

4 次の部首の漢字を、□に書きましょう。

1つ1点→18点

① 刂《りっとう》 新《しん》□《かん》の本・□《はん》決《けつ》・印《いん》□《さつ》

② 心《こころ》 □《たい》度《ど》・□《おう》用《よう》・高い□《こころざし》

③ 攵《ぼくにょう》 □《きゅう》急車《きゅうしゃ》・財《ざい》□《せい》・事《じ》□《こ》

④ 土《つち》 お□《どう》・□《き》準《じゅん》・お□《はか》

⑤ 頁《おおがい》 大統《だいとう》□《りょう》・□《ひたい》・種《しゅ》□《るい》

⑥ 辶《しんにょう》 □《じゅつ》語《ご》・最《さい》□《てき》・改《かい》□《ぞう》

2 国語

同じ部首の漢字

月　日

1 次の部首の漢字を、□に書きましょう。

1つ1点→20点

① 亻 にんべん　大《だい》□《ぶつ》・□《か》格《かく》・事《じ》□《けん》・準《じゅん》□《び》

② 氵 さんずい　氷《ひょう》□《が》・□《げん》点《てん》・□《えん》そう会《かい》

③ 彳 ぎょうにんべん　□《おう》来《らい》・回《かい》□《ふく》・□《とく》意《い》・期《き》□《たい》

④ 扌 てへん　□《せっ》点《てん》・□《そん》害《がい》・□《じゅ》業《ぎょう》

⑤ 糸 いとへん　□《ぜっ》交《こう》・二十一世《にじゅういっせい》□《き》・□《わた》あめ

⑥ 言 ごんべん　書《しょ》□《ひょう》・□《しょう》明書《めいしょ》・□《せっ》計図《けいず》

2 同じ部首の漢字を、□に書きましょう。

1つ2点→30点

① □《てい》電《でん》に□《そな》えて電池を確《かく》□《ほ》する。

② □《まよ》ったが□《ぎゃく》の意見を□《えら》んだ。

③ □《だん》体戦《たいせん》の敗《はい》□《いん》を考える。

④ 保《ほ》□《ご》者《しゃ》への感《かん》□《しゃ》。

⑤ 悪化を□《ふせ》ぐのはもう□《げん》界《かい》だ。

⑥ 清《せい》□《けつ》なびんで□《えき》体《たい》を□《ま》ぜる。

学習のポイント

部首の読み方を覚え、同じ部首の漢字をまとめて練習しましょう。

得点《とくてん》

点

シール

3 □にあてはまる漢字を書きましょう。

1つ3点→48点

① □《いばら》□《き》県
② □《とち》□《ぎ》県
③ □《さい》□《たま》県
④ □《しず》□《おか》県
⑤ □《にい》□《がた》県
⑥ □《ぎ》□《ふ》県
⑦ □《やま》□《なし》県
⑧ □《し》□《が》県
⑨ □《な》□《ら》県
⑩ □《え》□《ひめ》県
⑪ □《か》□《がわ》県
⑫ □《さ》□《が》県
⑬ □《なが》□《さき》県
⑭ □《くま》□《もと》県
⑮ □《おき》□《なわ》県
⑯ □《か》□《ご》□《しま》県

4 ——の言葉を漢字と送りがなで書きましょう。

1つ1点→14点

① 土をかためる。（　　）
② 水をくわえる。（　　）
③ ビルをたてる。（　　）
④ 町をおさめる。（　　）
⑤ 鳥がむれる。（　　）
⑥ 家族でいわう。（　　）
⑦ 体重をはかる。（　　）
⑧ 名前をおぼえる。（　　）
⑨ 町に雪がつもる。（　　）
⑩ 月がてらす。（　　）
⑪ 花がちる。（　　）
⑫ 駅で友とわかれる。（　　）
⑬ 季節がかわる。（　　）
⑭ 幸せをねがう。（　　）

国語

1 四年生までに習った漢字

月　日

学習のポイント

都道府県名など、四年生までに習った漢字の読み書きや意味を確《たし》かめておきましょう。

得点《とくてん》

点

シール

1

——の漢字の読みがなを書きましょう。

1つ1点→12点

① 給食の用意について説明する。（　）（　）

② 英語の試験を受ける。（　）（　）

③ 合唱コンクールに参加する。（　）（　）

④ 目標に向かって努力する。（　）（　）

⑤ 倉庫に照明をつけた。（　）（　）

⑥ [redacted]

2

□に漢字を書きましょう。

1つ2点→26点

① 一《いち》□《おく》円《えん》の一万倍は一《いっ》□《ちょう》円《えん》。

② 口《こう》□《けい》五センチの□《ぼう》□《えん》□《きょう》。

③ お□《しろ》の□《な》の花が□《まん》開《かい》だ。

④ 南《なん》□《きょく》えっ冬《とう》□《たい》に入りたい。

⑤ 野鳥の□《す》を□《かん》□《さつ》する。

⑥ 放《ほう》□《か》後《ご》に□《はく》物館《ぶつかん》へ行く。

夏休みドリル

国語

小学5年

ドリルをやり終わった
得点《とくてん》を書いて、
シールをはりましょ

目次

1 四年生までに習った漢字 …… 47
2 同じ部首の漢字 …… 45
3 説明文の読みとり …… 43
4 漢字の読み方 …… 41
5 漢字の書きとり …… 39
6 漢字の成り立ち …… 37
7 ことわざと慣用句《かんようく》 …… 36
8 物語の読みとり …… 35
9 敬語《けいご》(1) …… 33
10 敬語《けいご》(2) …… 31
11 和語・漢語・外来語 …… 30
12 詩の読みとり …… 29
13 まとめ …… 27

夏休みドリル

算数 小学5年

解答《かいとう》とアドバイス

別冊《べっさつ》

★取り外して使えます。

ドリルが終わったら答え合わせをして、点数をつけましょう。もし、わからなかった問題やまちがえた問題があったら、「学習のアドバイス」を読んで自分で考えたり、おうちの人に教えてもらったりして、もう一度やってください。必ず力がつきます。

算数 1　月　日

分数のおさらい

学習のポイント

同じ分母の分数のたし算・ひき算では、分母は変わりませんが、分子はくり上がり・くり下がりがあります。

得点《とくてん》　点

シール

1 計算しましょう。　1つ3点→18点

① $\frac{1}{5}+\frac{1}{5}=\frac{2}{5}$　② $\frac{1}{4}+\frac{2}{4}=\frac{3}{4}$

③ $\frac{5}{8}+\frac{2}{8}=\frac{7}{8}$　④ $\frac{2}{3}-\frac{1}{3}=\frac{1}{3}$

⑤ $\frac{6}{7}-\frac{4}{7}=\frac{2}{7}$　⑥ $\frac{10}{9}-\frac{5}{9}=\frac{5}{9}$

2 仮分数《かぶんすう》は帯分数で、帯分数は仮分数《かぶんすう》で表しましょう。　1つ3点→18点

① $\frac{8}{7}$ $\left(1\frac{1}{7}\right)$　② $\frac{7}{5}$ $\left(1\frac{2}{5}\right)$　③ $1\frac{1}{3}$ $\left(\frac{4}{3}\right)$

④ $2\frac{3}{7}$ $\left(\frac{17}{7}\right)$　⑤ $\frac{17}{4}$ $\left(4\frac{1}{4}\right)$　⑥ $2\frac{1}{10}$ $\left(\frac{21}{10}\right)$

3 次の数を大きい順にならべましょう。　全部できて10点

$\frac{10}{9}$, $\frac{8}{9}$, 9, $6\frac{8}{9}$, $\frac{90}{9}$

$\left(\frac{90}{9} \rightarrow 9 \rightarrow 6\frac{8}{9} \rightarrow \frac{10}{9} \rightarrow \frac{8}{9}\right)$

4 計算しましょう。　1つ4点→24点

① $\frac{1}{10}+\frac{6}{10}=\frac{7}{10}$　② $1\frac{1}{3}+2\frac{1}{3}=3\frac{2}{3}$ $\left(\frac{11}{3}\right)$

③ $\frac{6}{7}+1\frac{3}{7}=2\frac{2}{7}$ $\left(\frac{16}{7}\right)$　④ $1\frac{5}{6}-\frac{4}{6}=1\frac{1}{6}$ $\left(\frac{7}{6}\right)$

⑤ $3-1\frac{5}{8}=1\frac{3}{8}$ $\left(\frac{11}{8}\right)$　⑥ $3\frac{3}{5}-3\frac{1}{5}=\frac{2}{5}$

5 赤いびんには $1\frac{2}{5}$ L、青いびんには $\frac{6}{5}$ L の水が入っています。

① 水の量は、赤いびんと青いびんのどちらのほうが多いですか。　6点

（赤いびん）

② 水の量のちがいは何Lですか。　式6点、答え6点→12点

式 $1\frac{2}{5}-\frac{6}{5}=\frac{1}{5}$　答え $\left(\frac{1}{5}\text{L}\right)$

③ 2つのびんの水を合わせると何Lになりますか。　式6点、答え6点→12点

式 $1\frac{2}{5}+\frac{6}{5}=2\frac{3}{5}$　答え $\left(2\frac{3}{5}\text{L}\right)$ $\left(\frac{13}{5}\text{L}\right)$

2 算数5年　算数5年 3

学習のアドバイス

1 分数のおさらい

1の同じ分母の分数のたし算、ひき算と、**2**の帯分数と仮分数《かぶんすう》の問題は、分子の計算をまちがえないように気をつけましょう。**4**の⑤は、3を$\frac{24}{8}$として計算します。

算数 2

整数と小数

月　日

学習のポイント
小数を10倍、100倍……とすると位が上がって、小数点は右へ1けた、2けた……と移《うつ》ります。$\frac{1}{10}$、$\frac{1}{100}$……は、逆《ぎゃく》に左へ移《うつ》ります。

得点《とくてん》　　点

シール

1 下の数直線の□にあてはまる数を書きましょう。　1つ4点→16点

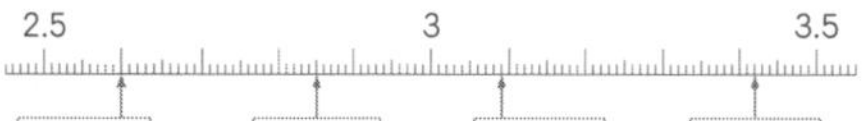

① 2.6　② 2.85　③ 3.09　④ 3.42

2 □にあてはまる数を書きましょう。　1つ2点→20点

① 12.05 = 10 × 1 + 1 × [2] + 0.1 × [0] + 0.01 × [5]

② 367.9 = [100] × 3 + [10] × 6 + 1 × 7 + [0.1] × 9

③ 9.104 = 1 × [9] + 0.1 × [1] + 0.01 × 0 + 0.001 × [4]

④ 100を5個《こ》、1を4個《こ》、0.1を7個《こ》、0.01を6個《こ》合わせた数は [504.76] です。

3 [0][2][3][6][7][.]の6まいのカードを使って、次の数をつくりましょう。小数点以下が0になる数はふくみません。　全部できて1つ8点→16点

① いちばん小さい数　[0][.][2][3][6][7]

② いちばん大きい数　[7][6][3][0][.][2]

4 □にあてはまる数を書きましょう。　1つ3点→30点

① 45.75の10倍は [457.5]、100倍は [4575] です。

② 0.345の10倍は [3.45]、100倍は [34.5] です。

③ 286.2の$\frac{1}{10}$は [28.62]、$\frac{1}{100}$は [2.862] です。

④ 98.76の$\frac{1}{10}$は [9.876]、$\frac{1}{100}$は [0.9876] です。

⑤ 5.124の1000倍は [5124] です。

⑥ 314.1の$\frac{1}{1000}$は [0.3141] です。

5 次の計算をして□にあてはまる数を書きましょう。　1つ3点→18点

① 7.63 × 10 = [76.3]　② 0.84 × 100 = [84]

③ 2.52 × 1000 = [2520]

④ 12.11 ÷ 10 = [1.211]

⑤ 10.07 ÷ 100 = [0.1007]

⑥ 391.2 ÷ 1000 = [0.3912]

算数 3

2つの量の変わり方

月　日

学習のポイント
2つの数量の一方の数量が2倍、3倍……になると、それにともなって、他方の数量も2倍、3倍……になるとき、比例《ひれい》するといいます。

得点《とくてん》　　点

シール

1 1個《こ》30円のおかしを買ったときの、おかしの数と代金の関係を調べて表にしました。

① あいているところにあてはまる数字を書きましょう。　1つ4点→12点

おかしの数（個《こ》）	1	2	3	4	5	6
代金（円）	30	60	90	120	150	180

② おかしの数を□個《こ》、代金を○円とすると、○は□に比例《ひれい》していますか。正しいほうに○をつけましょう。　5点

（(比例《ひれい》する)・比例《ひれい》しない）

③ おかしの数□個《こ》と代金○円の関係を式に表しましょう。　6点

（ 30 × □ = ○ ）　別解　○ ÷ □ = 30、○ ÷ 30 = □

2 たての長さが3cm、横の長さが1cmの長方形を図のようにならべて、四角形をつくり、横の長さと面積の関係を調べて表にしました。

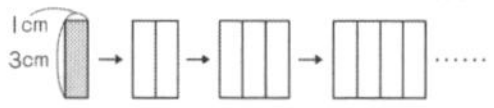

① あいているところにあてはまる数字を書きましょう。　1つ4点→12点

横の長さ（cm）	1	2	3	4	5	6
四角形の面積（cm^2）	3	6	9	12	15	18

② 横の長さを□、面積を○として、□と○の関係を式に表しましょう。　6点

（ 3 × □ = ○ ）　別解　○ ÷ □ = 3、○ ÷ 3 = □

3 1mの重さが70gのロープがあります。このロープの長さと重さの関係を調べて表にしました。

① あいているところにあてはまる数字を書きましょう。　1つ4点→12点

ロープの長さ（m）	1	2	3	4	5	6
ロープの重さ（g）	70	140	210	280	350	420

② 長さを□m、重さを○gとして、□と○の関係を式に表しましょう。　6点

（ 70 × □ = ○ ）　別解　○ ÷ □ = 70、○ ÷ 70 = □

③ 長さが15mのとき、重さは何gですか。　式9点、答え8点→17点

式　70 × 15 = 1050　　答え（ 1050g ）

4 1分間に16Lの水が出る水道があります。

① 水を出す時間を□分、出る水の量を○Lとして、□と○の関係を式に表しましょう。　6点

（ 16 × □ = ○ ）　別解　○ ÷ □ = 16、○ ÷ 16 = □

② 水を5分間出すとき、出る水の量は何Lですか。　式9点、答え9点→18点

式　16 × 5 = 80　　答え（ 80L ）

算数 4

月　日

体積と容積《ようせき》

学習のポイント
体積とは、物のかさのことです。1辺が 1cm の立方体の体積は $1cm^3$ です。容積《ようせき》とは、入れ物の内側いっぱいの体積のことです。

得点《とくてん》　　点

シール

1▶ 次の直方体や立方体の体積を求めましょう。　式4点、答え4点→24点

①

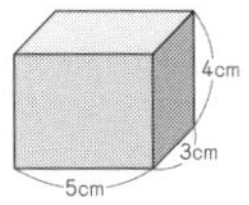

式　$3 \times 5 \times 4 = 60$
答え（　$60cm^3$　）

②

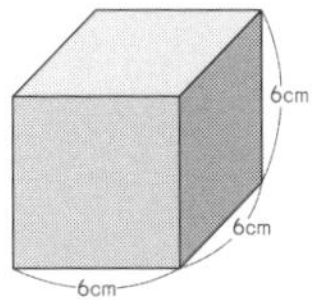

式　$6 \times 6 \times 6 = 216$
答え（　$216cm^3$　）

③

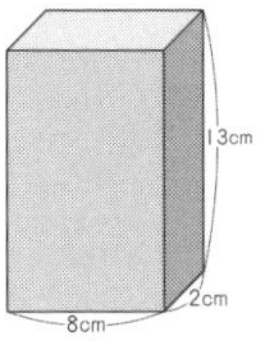

式　$2 \times 8 \times 13 = 208$
答え（　$208cm^3$　）

2▶ 次の立体の体積を求めましょう。　式4点、答え4点→16点

①　1辺が 5cm の立方体

式　$5 \times 5 \times 5 = 125$
答え（　$125cm^3$　）

②　たて 6cm、横 7cm、高さ 2cm の直方体

式　$6 \times 7 \times 2 = 84$
答え（　$84cm^3$　）

3▶ 次の立体の体積を求めましょう。　式7点、答え7点→42点

①

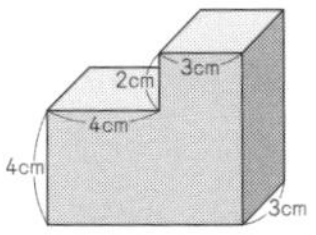

別解　$3 \times 7 \times 6 - 3 \times 4 \times 2 = 102$

式　$3 \times 3 \times 2 +$
$3 \times 7 \times 4 = 102$
答え（　$102cm^3$　）

②

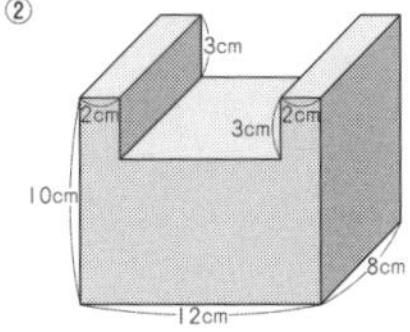

式　$8 \times 12 \times 10 -$
$8 \times 8 \times 3 = 768$
答え（　$768cm^3$　）

③

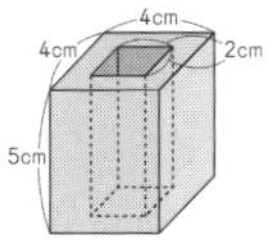

式　$4 \times 4 \times 5 -$
$2 \times 2 \times 5 = 60$
答え（　$60cm^3$　）

4▶ 厚《あつ》さ 1cm の板で下のような直方体の形をした入れ物を作りました。この入れ物の容積《ようせき》は何 cm^3 になりますか。　式10点、答え8点→18点

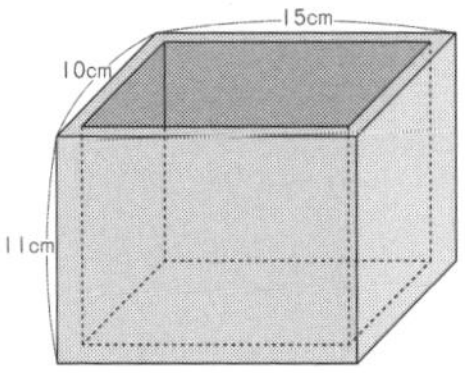

式　$8 \times 13 \times 10 = 1040$
答え（　$1040cm^3$　）

8 算数5年　　　　算数5年 9

学習のアドバイス

2 整数と小数

1▶の数直線の問題は、それぞれのめもりの単位の大きさを確認しましょう。小数第一の位は $\frac{1}{10}$、第二の位は $\frac{1}{100}$、第三の位は $\frac{1}{1000}$ となっていきます。また、$\frac{1}{10}$ は、1÷10、$\frac{1}{100}$ は 1÷100 を意味します。4▶の 10 倍は×10、100 倍は×100 を意味します。

学習のアドバイス

3 2つの量の変わり方

2つの量の変わり方には、いろいろありますが、一方の量が 2 倍、3 倍……になると、もう一方の量も 2 倍、3 倍……となるとき「2つの量は比例《ひれい》する」といいます。比例《ひれい》かどうかを判断《はんだん》するには、2 つの量の数を表に書いて、増《ふ》え方の規則《きそく》を調べます。

学習のアドバイス

4 体積と容積《ようせき》

1▶と2▶は、公式を用いて体積を求めます。3▶は、立体全体の体積からへこんだ部分の体積をひくか、立体をいくつかに分けて合計して求めます。③は全体の体積から、あなの部分の体積をひきます。4▶は内のりの長さを求めて計算します。

算数 5 月 日

小数のかけ算（1）

学習のポイント
整数×小数の筆算の答えの小数点の位置は、かける小数の小数点をそのまま下ろします。

得点《とくてん》 点　シール

1 積が9より大きくなるのはどれですか。記号で答えましょう。 3点

㋐ 9 × 1.2　　㋑ 9 × 0.1　　㋒ 9 × 0.9

（ ㋐ ）

2 次の計算をしましょう。 1つ4点→32点

① 3 × 0.2 = 0.6　　② 4 × 0.7 = 2.8

③ 6 × 0.8 = 4.8　　④ 10 × 0.9 = 9

⑤ 50 × 0.2 = 10　　⑥ 30 × 0.4 = 12

⑦ 10 × 0.3 = 3　　⑧ 40 × 0.5 = 20

3 次の計算をしましょう。 1つ5点→15点

①
```
   1 5
 × 2.1
   1 5
 3 0
 3 1.5
```
②
```
     2 4
   × 5.1
     2 4
 1 2 0
 1 2 2.4
```
③
```
     6 8
   × 9.3
   2 0 4
 6 1 2
 6 3 2.4
```

4 筆算で計算しましょう。 1つ5点→20点

① 180 × 8.1
```
    1 8 0
  ×   8.1
    1 8 0
1 4 4 0
1 4 5 8.0
```
② 315 × 2.5
```
    3 1 5
  ×   2.5
  1 5 7 5
  6 3 0
  7 8 7.5
```
③ 853 × 4.2
```
    8 5 3
  ×   4.2
  1 7 0 6
3 4 1 2
3 5 8 2.6
```
④ 712 × 3.7
```
    7 1 2
  ×   3.7
  4 9 8 4
2 1 3 6
2 6 3 4.4
```

5 たてが7cm、横が5.6cmの長方形の面積を求めましょう。 式5点、答え5点→10点

式 7 × 5.6 = 39.2　　答え（ 39.2cm^2 ）

6 1Lの重さが320gの土があります。 式5点、答え5点→20点

① この土の2.8Lの重さは何gでしょうか。

式 320 × 2.8 = 896　　答え（ 896g ）

② この土の700mLの重さは何gでしょうか。

式 320 × 0.7 = 224　　答え（ 224g ）

算数 6 月 日

小数のかけ算（2）

学習のポイント
小数×小数の答えの小数点の位置は、小数部分のけた数の合計分だけ、左になります。

得点《とくてん》 点　シール

1 次の計算をしましょう。 1つ3点→12点

①
```
   1.3
 × 0.1
 0.1 3
```
②
```
   5.2
 × 0.3
 1.5 6
```
③
```
   7.4
 × 0.6
 4.4 4
```
④
```
   6.2
 × 0.9
 5.5 8
```

2 小数点の位置に注意して、次の計算をしましょう。 1つ4点→24点

①
```
   3.3
 × 2.1
   3 3
 6 6
 6.9 3
```
②
```
     7.3
   × 6.1
     7 3
 4 3 8
 4 4.5 3
```
③
```
     4.7
   × 2.5
   2 3 5
   9 4
 1 1.7 5
```
④
```
     6.8
   × 4.6
   4 0 8
 2 7 2
 3 1.2 8
```
⑤
```
     8.2
   × 3.5
   4 1 0
 2 4 6
 2 8.7 0
```
⑥
```
     7.4
   × 9.5
   3 7 0
 6 6 6
 7 0.3 0
```

3 筆算で計算しましょう。 1つ5点→30点

① 5.2 × 0.36
```
     5.2
  × 0.3 6
    3 1 2
  1 5 6
  1.8 7 2
```
② 4.7 × 0.39
```
     4.7
  × 0.3 9
    4 2 3
  1 4 1
  1.8 3 3
```
③ 0.24 × 6.5
```
   0.2 4
  ×  6.5
   1 2 0
 1 4 4
 1.5 6 0
```
④ 7.75 × 8.4
```
    7.7 5
  ×   8.4
  3 1 0 0
6 2 0 0
6 5.1 0 0
```
⑤ 0.15 × 0.72
```
     0.1 5
   × 0.7 2
       3 0
   1 0 5
 0.1 0 8 0
```
⑥ 0.03 × 0.58
```
     0.0 3
   × 0.5 8
       2 4
     1 5
 0.0 1 7 4
```

4 くふうして計算しましょう。とちゅうの式も書きましょう。 式9点、答え8点→34点

① 9.8 × 12

(10 − 0.2) × 12 = 10 × 12 − 0.2 × 12 =

式 120 − 2.4 = 117.6　　答え（ 117.6 ）

② 5.1 × 2.4 + 3.9 × 2.4

(5.1 + 3.9) × 2.4 =

式 9 × 2.4 = 21.6　　答え（ 21.6 ）

算数 7　　月　日

小数のわり算（1）

学習のポイント
小数÷小数の答えの小数点の位置は、わる小数の小数部分のけた数だけ、わられる小数の小数点を右に移《うつ》します。

得点《とくてん》　　点

シール

1 次の計算をしましょう。　1つ3点→12点

① 0.6 ÷ 3 = 0.2　　② 2.4 ÷ 8 = 0.3

③ 8 ÷ 0.4 = 20　　④ 60 ÷ 0.5 = 120

2 商がわられる数より大きくなるものを選んで記号で答えましょう。　3点

㋐ 55 ÷ 2.2　　㋑ 100 ÷ 0.9　　㋒ 0.096 ÷ 1.2

（ ㋑ ）

3 わり切れるまで計算しましょう。　1つ5点→30点

①
```
        4
1、9)7、6
     7 6
       0
```

②
```
        0.5
2、6)1、3.0
     1 3 0
         0
```

③
```
        0.8
5、5)4、4.0
     4 4 0
         0
```

④
```
        3.5
0、8)2、8.0
     2 4
       4 0
       4 0
         0
```

⑤
```
        4.5
1、2)5、4.0
     4 8
       6 0
       6 0
         0
```

⑥
```
        3.8
2、5)9、5.0
     7 5
     2 0 0
     2 0 0
         0
```

4 わり切れるまで筆算で計算しましょう。　1つ6点→36点

① 8.04 ÷ 6.7
```
         1.2
6、7)8、0.4
     6 7
     1 3 4
     1 3 4
         0
```

② 4.84 ÷ 8.8
```
        0.5 5
8、8)4、8.4 0
       4 4 0
         4 4 0
         4 4 0
             0
```

③ 7.08 ÷ 5.9
```
         1.2
5、9)7、0.8
     5 9
     1 1 8
     1 1 8
         0
```

④ 1.77 ÷ 0.3
```
         5.9
0、3)1、7.7
     1 5
       2 7
       2 7
         0
```

⑤ 2.86 ÷ 0.65
```
            4.4
0、6 5)2、8 6.0
       2 6 0
         2 6 0
         2 6 0
             0
```

⑥ 8.12 ÷ 0.58
```
           1 4
0、5 8)8、1 2
       5 8
       2 3 2
       2 3 2
           0
```

5 長さが4.5 mで重さが7.2kgのくさりがあります。このくさり1mの重さは何kgでしょうか。　式10点、答え9点→19点

式 7.2 ÷ 4.5 = 1.6　　答え（ 1.6kg ）

14 算数5年　　算数5年 15

5 小数のかけ算（1）

学習のアドバイス

1の積は、1より大きい数をかければかけられる数より大きくなり、1より小さい数をかければかけられる数より小さくなります。このことは、小数点の位置のまちがいを防《ふせ》ぐことに役立ちます。**3**と**4**の整数×小数の筆算の答えの小数点は、そのまま下ろします。

6 小数のかけ算（2）

学習のアドバイス

小数×小数の筆算の答えの小数点の位置は、かけられる数と、かける数の小数点以下のけた数の合計分だけ左になります。例えば、1.1 × 1.1 = 1.21です。小数のかけ算は、答えの見積もりをすると小数点の付けまちがいや計算ミスがすぐわかります。

7 小数のわり算（1）

学習のアドバイス

2の商は、1より大きい数でわればわられる数より小さくなり、1より小さい数でわればわられる数より大きくなります。**3**と**4**の答えの小数点の位置は、わる数の小数点以下のけた数だけ、わられる数の小数点から右に移動したものです。例えば、

```
                          6.2
1.55 ÷ 0.25 → 0、25)1.5 5、0
```

算数 8

月　日

小数のわり算（2）

学習のポイント
小数÷小数のあまりの小数点の位置は、わられる小数のもとの位置のままで移動《いどう》しません。あまりは、わる数より必ず小さいです。

得点《とくてん》　　点　シール

1 次の計算をしましょう。商は一の位まで求めて、あまりも出しましょう。　1つ4点→16点

① 8.2 ÷ 6.1 = 1 あまり 2.1　② 28.8 ÷ 4.6 = 6 あまり 1.2

③ 3.5 ÷ 1.4 = 2 あまり 0.7　④ 67.3 ÷ 9.4 = 7 あまり 1.5

2 筆算で計算しましょう。商は小数第一位まで求めて、あまりも出しましょう。　1つ5点→20点

① 11.2 ÷ 9.8

```
        1.1
9,8)1 1,2.0
      9 8
      1 4 0
        9 8
        4 2
```

あまり 0.42

② 31.6 ÷ 8.9

```
        3.5
8,9)3 1,6.0
    2 6 7
      4 9 0
      4 4 5
        4 5
```

あまり 0.45

③ 73.7 ÷ 13.2

```
           5.5
1 3,2)7 3,7.0
      6 6 0
        7 7 0
        6 6 0
        1 1 0
```

あまり 1.1

④ 66.9 ÷ 86.7

```
           0.7
8 6,7)6 6,9.0
      6 0 6 9
        6 2 1
```

あまり 6.21

3 次の計算で、商を四捨五入《ししゃごにゅう》して、$\frac{1}{10}$の位までのがい数で求めましょう。　1つ5点→20点

① 22.1 ÷ 6.7 = 3.~~29~~…（3）　(3.3)

② 5.99 ÷ 2.6 = 2.3~~0~~…　(2.3)

③ 60.5 ÷ 4.7 = 12.~~87~~…（9）　(12.9)

④ 54.3 ÷ 5.5 = 9.~~87~~…（9）　(9.9)

4 次の計算で、商を四捨五入《ししゃごにゅう》して、$\frac{1}{100}$の位までのがい数で求めましょう。　1つ4点→8点

① 6.34 ÷ 7.2 = 0.88~~0~~…　(0.88)

② 72.1 ÷ 3.9 = 18.4~~87~~…（9）　(18.49)

5 16.4kg の米を 1.2kg ずつふくろに入れます。何ふくろできて、米は何 kg あまりますか。　式9点、答え9点→18点

式 16.4 ÷ 1.2 = 13 あまり 0.8

答え（13 ふくろできて、0.8kg あまる。）

6 8.5L の水を、水とうに 0.7L ずつそそいでいきます。0.7L 入りの水とうは何本できて、水は何 L あまりますか。　式9点、答え9点→18点

式 8.5 ÷ 0.7 = 12 あまり 0.1

答え（12 本できて、0.1L あまる。）

算数 9

月　日

合同な図形

学習のポイント
合同な図形とは、ぴったり重なる図形のことです。したがって対応《たいおう》する辺の長さ、角の大きさも同じです。

得点《とくてん》　　点　シール

1 図形あ、いと合同な図形を、図形う～くからそれぞれ 1 つ選びましょう。　1つ8点→16点

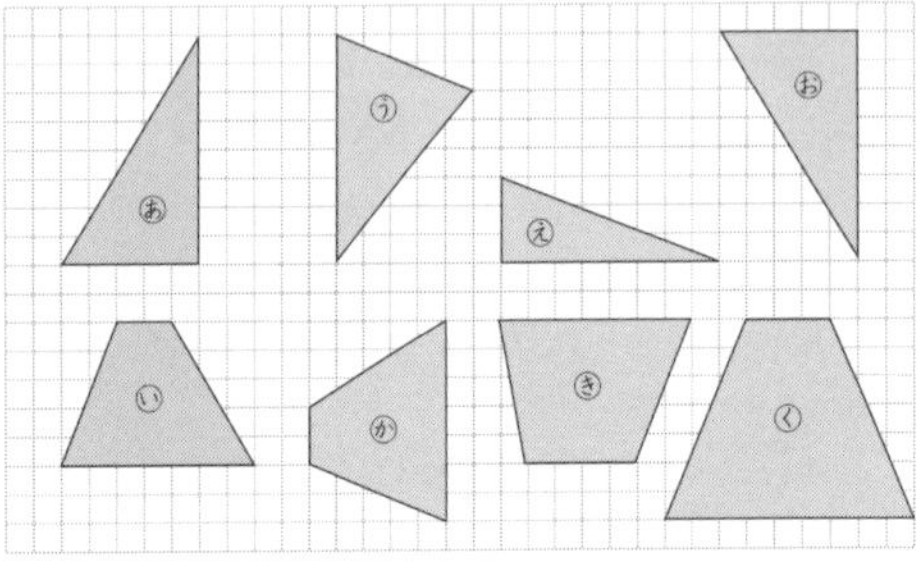

あと合同な図形（お）　いと合同な図形（か）

2 ひし形に対角線を 2 本引いた図があります。次の問いに答えましょう。　1つ8点→24点

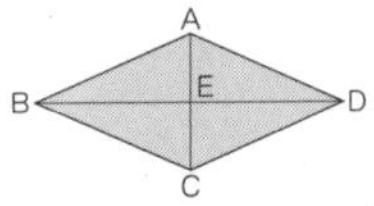

① 三角形 ABD と合同な三角形はどれですか。（三角形 CDB）

② 辺 AE と同じ長さの辺はどれですか。（辺 CE）

③ 辺 AB と同じ長さの辺を全部書きましょう。
（辺 AD、辺 CB、辺 CD）

3 四角形 ABCD と四角形 EFGH は合同です。次の問いに答えましょう。　1つ10点→40点

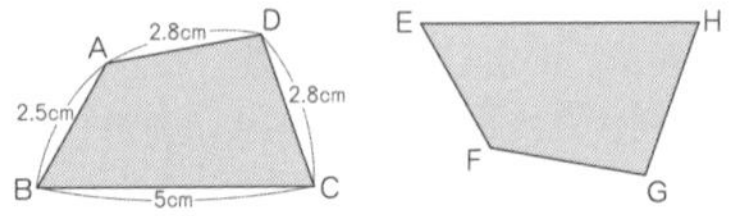

① 頂点《ちょうてん》 A に対応《たいおう》する頂点《ちょうてん》はどれですか。
（頂点《ちょうてん》 F）

② 辺 AD に対応《たいおう》する辺はどれですか。
（辺 FG）

③ 角 C に対応《たいおう》する角はどれですか。
（角 H）

④ 辺 EF の長さは何 cm ですか。
（2.5cm）

4 合同な三角形のかき方は 3 通りあります。□にあてはまる数字や言葉を書きましょう。　1つ4点→20点

① [3] つの辺の長さをはかる。

② [2] つの辺の長さと、その間の [角] の大きさをはかる。

③ [1] つの辺の長さと、その両はしの [角] の大きさをはかる。

算数 10 月　日

小数の倍

学習のポイント
「比《くら》べられる量」÷「もとにする量」＝「倍」です。倍は、小数でも表せます。$2 \div 4 = 0.5$ 倍、$3.72 \div 1.2 = 3.1$ 倍などです。

得点《とくてん》　　点

シール

1▶ 赤いロープが 11m、青いロープが 5m、白いロープが 3m あります。　式4点、答え3点→14点

① 赤いロープの長さは、青いロープの長さの何倍ですか。

式 $11 \div 5 = 2.2$　答え（ 2.2 倍 ）

② 白いロープの長さは、青いロープの長さの何倍ですか。

式 $3 \div 5 = 0.6$　答え（ 0.6 倍 ）

2▶ A、B、C の 3 種類の肉があり、100g のねだんを調べると、A は 414 円、B は 115 円、C は 276 円でした。　式4点、答え4点→16点

① A の肉 100g のねだんは、B の肉 100g のねだんの何倍ですか。

式 $414 \div 115 = 3.6$　答え（ 3.6 倍 ）

② C の肉 100g のねだんは、B の肉 100g のねだんの何倍ですか。

式 $276 \div 115 = 2.4$　答え（ 2.4 倍 ）

3▶ 家から学校までのきょりは 1.5km、家から駅までのきょりは 4.8km あります。　式4点、答え4点→16点

① 家から駅までのきょりは、家から学校までのきょりの何倍ですか。

式 $4.8 \div 1.5 = 3.2$　答え（ 3.2 倍 ）

② 家から公園までのきょりは 2.4km でした。家から駅までのきょりの何倍ですか。

式 $2.4 \div 4.8 = 0.5$　答え（ 0.5 倍 ）

4▶ 次の問題に答えましょう。　式5点、答え4点→18点

① 0.6L のジュースと、ジュースの 3.5 倍の量のお茶があります。お茶の量は何 L ですか。

式 $0.6 \times 3.5 = 2.1$　答え（ 2.1L ）

② りかさんの体重は 36.5kg で、妹の体重はりかさんの 0.8 倍でした。妹の体重は何 kg でしょうか。

式 $36.5 \times 0.8 = 29.2$　答え（ 29.2kg ）

5▶ スーパーで 1 個《こ》 120 円のトマトが 96 円に、1 本 96 円のキュウリが 72 円にねびきして売られています。それぞれのねびき後のねだんは、もとのねだんの何倍でしょうか。　式5点、答え4点→18点

トマト　式 $96 \div 120 = 0.8$　答え（ 0.8 倍 ）

キュウリ　式 $72 \div 96 = 0.75$　答え（ 0.75 倍 ）

6▶ 赤色、青色、黄色のリボンがあります。黄色のリボンの長さは 35cm です。黄色のリボンをもとにすると、赤色のリボンは 2.2 倍、青色のリボンは 0.7 倍の長さです。赤色と青色のリボンはそれぞれ何 cm ですか。　式5点、答え4点→18点

赤色　式 $35 \times 2.2 = 77$　答え（ 77cm ）

青色　式 $35 \times 0.7 = 24.5$　答え（ 24.5cm ）

20 算数5年　　算数5年 21

8 小数のわり算（2）

学習のアドバイス

1▶と2▶の小数÷小数のあまりの小数点の位置は、わられる数のもとの小数点の位置です。答えの小数点の位置とはちがいます。3▶の商を四捨五入《ししゃごにゅう》して $\frac{1}{10}$ の位までのがい数で求める問題は、$\frac{1}{100}$ の位まで計算して四捨五入《ししゃごにゅう》します。4▶では、$\frac{1}{1000}$ まで計算して四捨五入《ししゃごにゅう》します。

9 合同な図形

学習のアドバイス

「合同な図形」とは、「ぴったり重なる図形」のことです。形も大きさも、辺の長さと角の大きさも同じです。

10 小数の倍

学習のアドバイス

1▶～3▶と5▶の、「2つの量の一方は、もう一方の何倍か」を求める問題は、もとにする量は何か、比《くら》べられる量は何かを考えます。「比《くら》べられる量÷もとにする量＝倍（割合《わりあい》）」です。「もとにする量×倍＝比《くら》べられる量」、「比《くら》べられる量÷倍＝もとにする量」の式もあります。4▶と6▶の問題は、「もとにする量×倍＝比《くら》べられる量」の式を用いて答えを求めます。

算数 11 図形の角

月　日

学習のポイント
三角形の三つの角の大きさの和が180°であることを理解していれば、四角形、五角形、六角形などの角の和は、計算で求められます。

得点《とくてん》　　点　シール

1 ㋐～㋕の角の大きさを、計算で求めましょう。 1つ7点→42点

① 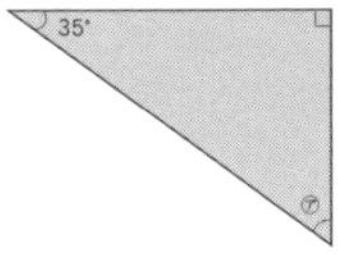

㋐（ 55° ）

② 二等辺三角形 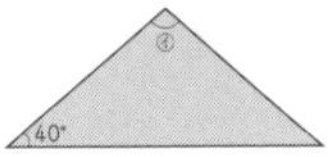

㋑（ 100° ）

③ 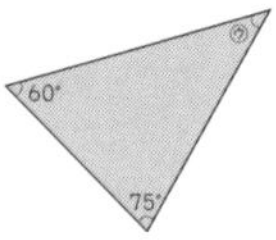

㋒（ 45° ）

④ 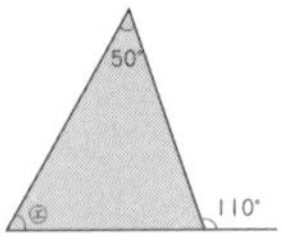

㋓（ 60° ）

⑤ 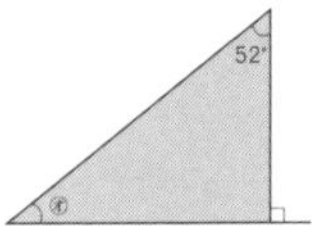

㋔（ 38° ）

⑥ 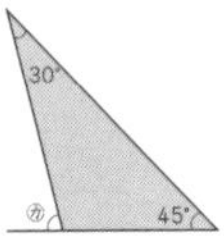

㋕（ 75° ）

2 ㋐、㋑の角の大きさを、計算で求めましょう。 1つ8点→16点

① 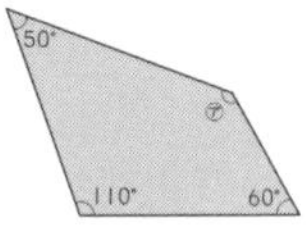

㋐（ 140° ）

② 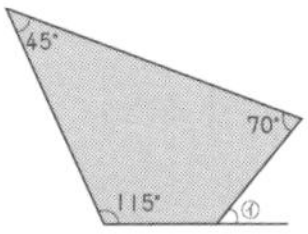

㋑（ 50° ）

3 下のような五角形があります。 1つ8点→24点

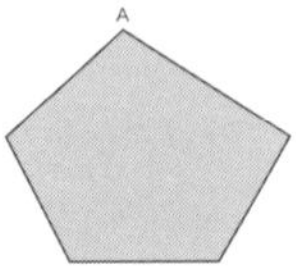

① 頂点《ちょうてん》Aから対角線を引きます。全部で何本引けますか。

（ 2本 ）

② 対角線を引いてできた三角形は何個《なんこ》ですか。

（ 3個 ）

③ 五角形の角の大きさの和は何度でしょうか。

（ 540° ）

4 次の多角形の角の大きさの和を求めましょう。 1つ9点→18点

① 六角形 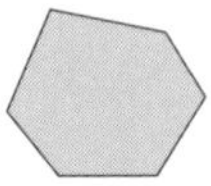

（ 720° ）

② 七角形 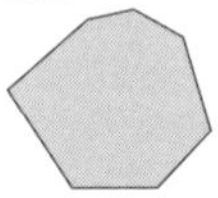

（ 900° ）

算数 12 まとめ

月　日

学習のポイント
いろいろな問題があります。数値《すうち》が大きいものもあります。落ち着いて解《と》いてください。

得点《とくてん》　　点　シール

1 次の計算をしましょう。 1つ4点→20点

① 0.3×3＝0.9　② 70×0.7＝49

③
```
    1.3
  × 4.4
    5 2
  5 2
  5.7 2
```

④
```
     8.3 4
  ×    5.9
   7 5 0 6
 4 1 7 0
 4 9.2 0 6
```

⑤
```
     1 1.4 2
  ×    2.5 3
     3 4 2 6
   5 7 1 0
 2 2 8 4
 2 8.8 9 2 6
```

2 次の計算をわり切れるまでしましょう。 1つ4点→8点

① 3.72÷3.1＝1.2　② 3.64÷0.8＝4.55

3 ヒマワリのくきの高さを測《はか》ったら、56.5cmでした。1週間後に測《はか》ると90.4cmになっていました。くきの高さは何倍になりましたか。 式5点、答え5点→10点

式 90.4÷56.5＝1.6　答え（ 1.6倍 ）

4 次の図形の㋐と㋑の角の大きさを計算で求めましょう。 1つ6点→12点

① 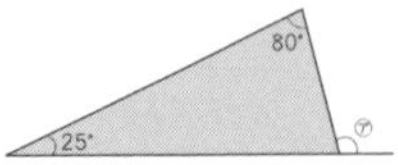

㋐（ 105° ）

② 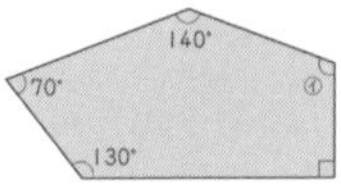

㋑（ 110° ）

5 次の立体の体積を求めましょう。 式8点、答え8点→16点

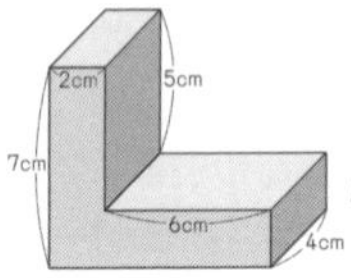

別解 4×8×7－4×6×5＝104

式 4×2×7＋4×6×2＝104

答え（ 104cm³ ）

6 厚《あつ》さ1.5cmの板で下のような箱を作りました。この箱の容積《ようせき》は何cm³になりますか。 式9点、答え9点→18点

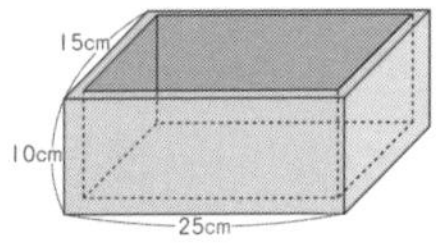

式 12×22×8.5＝2244

答え（ 2244 cm³ ）

7 リボンが6.3mあります。1.5mずつ切っていくと1.5mのリボンは何本できて、何mあまりますか。 式8点、答え8点→16点

式 6.3÷1.5＝4　あまり0.3

答え（ 4本できて、0.3mあまる。 ）

13 国語

まとめ

月　日

1 □に漢字を書きましょう。（1つ3点・36点）

① 確率《かくりつ》が高い。
② 情報《じょうほう》が多い。
③ 保険証《ほけんしょう》
④ 常識《じょうしき》的《てき》な考え。
⑤ 国家の統一《とういつ》。
⑥ 馬が暴《あば》れる。
⑦ 血液型《けつえきがた》
⑧ 母の職業《しょくぎょう》。
⑨ 強い精神《せいしん》。
⑩ 大喜《よろこ》び
⑪ 体重測定《そくてい》
⑫ 条約《じょうやく》を結ぶ。

2 ――の漢字の読みがなを書きましょう。（1つ3点・36点）

① 別室へ導く。（みちび）
② 素質がある。（そしつ）
③ 飼育係になる。（しいく）
④ するどい眼光。（がんこう）
⑤ 規則を守る。（きそく）
⑥ 羽織を着る。（はおり）
⑦ 永遠に残す。（えいえん）
⑧ 省略する（しょうりゃく）
⑨ 他人の空似。（そらに）
⑩ 能弁に語る。（のうべん）
⑪ 利益を得《え》る。（りえき）
⑫ 医学を修める。（おさ）

学習のポイント
最後に漢字の読みとりと書きとりを練習し、説明文も正しく読みとれるようにしましょう。

得点《とくてん》　　点

シール

3 次の説明文を読んで、問題に答えましょう。

たつまきは、地上から雲までつながった、はげしい空気のうずまきです。たつまきの風は、とても強い力があり、風の速さは一秒間に百メートル以上になることがあります。これは地球上でふく最も強い風といわれ、家をこわしたり、電車や自動車をひっくり返したりしてしまうほどです。また、移動《いどう》することも多く、その速度は、時速百キロメートルをこえることもあります。

たつまきは、主に「積《せき》らん雲《うん》」とよばれる雲があるときに起こります。雲からたれ下がったうずまきが地上につながって、空気が地上から上空へとはげしくふき上げられて起きます。このとき①上空では空気がとてもうすくなったところができて、そこをうめるために、地上から空気がすい上げられていくのです。

たつまきは、せまい地いきで急に発生して、ふいに消えてしまうことが多いため、いつ発生したのか、どのくらいの強さの風がふいたのかなど、②観測《かんそく》することがむずかしい現象《げんしょう》です。

① たつまきの説明で正しいものに○をつけましょう。（9点）

（　）一秒に百メートル移動《いどう》する。
（　）地上では風はそれほど強くない。
（○）空気がうずをまいている。

② ①――「そこ」とは、どこでしょうか。（9点）

（　）積《せき》らん雲《うん》の上空。
（○）空気がとてももうすくなったところ。
（　）地上につながったところ。

③ ②――たつまきを「観測《かんそく》することがむずかしい」理由を書きましょう。（10点）

例（たつまきは、せまい地いきで急に発生して、ふいに消えてしまうことが多いため。）

学習のアドバイス

11 図形の角

直線上の角の大きさは 180°、三角形の 3 つの角の大きさの和は 180°、四角形の 4 つの角の大きさの和は 360° ということをもとに考えます。3と4の角の大きさの和は、三角形は 180° であることを用いて計算します。

学習のアドバイス

12 まとめ

1と2の小数のかけ算、わり算は、答えの見積もりをしてから計算すると、小数点の位置の付けまちがいが防《ふせ》げます。5は、立体を 2 つに分けて考えましょう。6の容積《ようせき》は内のりの長さを求めて計算します。7はあまりの小数点の位置に気をつけましょう。

学習のアドバイス

13 まとめ

1と2は漢字の書きとりと読みとりの練習です。わからなかった漢字は漢字辞典で調べましょう。3の説明文では、たつまきが起こる仕組みを正確《せいかく》に読みとりましょう。

12 国語

詩の読みとり

月　日

学習のポイント　どのような場面がえがかれていて、作者は何を伝えたいのかを考えましょう。

得点《とくてん》　　点

シール

1 次の詩を読んで、問題に答えましょう。

犬
金子みすゞ

うちのだりあの*咲《さ》いた日に
酒屋のクロは死にました。

おもてであそぶわたしらを、
①いつでも、おこるおばさんが、
おろおろ泣いて居《お》りました。

その日、学校でそのことを
おもしろそうに、話してて、
ふっとさみしくなりました。

*だりあ　ダリヤ。夏に赤色や黄色の花をつける。

① おばさんは、なぜ泣いていたのですか。（15点）

例（　クロが死んだから。　）

② ①——「おろおろ」はどのような様子ですか。あてはまるものに○をつけましょう。（15点）

（○）落ち着きをなくしている様子。
（　）静かに落ち着いている様子。
（　）わざとらしくはげしい様子。

③ 作者は、ふだんはおばさんのことをどう思っていたか、正しいと思うものに○をつけましょう。（15点）

（　）すぐに泣く弱い人だ。
（○）いつもおこるからいやな人だ。
（　）犬をかわいがるやさしい人だ。

国語5年 29

2 次の詩を読んで、問題に答えましょう。

星とたんぽぽ
金子みすゞ

青いお空の底ふかく、
海の小石のそのように
夜がくるまで沈《しず》んでる、
①昼のお星は眼《め》にみえぬ。
　見えぬけれどもあるんだよ、
　見えぬものでもあるんだよ。

散ってすがれた*たんぽぽの、
瓦《かわら》のすきに、だァまって、
春のくるまでかくれてる、
つよいその根は眼《め》にみえぬ。
　②見えぬけれどもあるんだよ、
　見えぬものでもあるんだよ。

*すがれた　かれはじめた。

① ①——「昼のお星」は、どこにしずんでいると書かれていますか。（10点）

（　青いお空の底（ふかく）　）

② ①——「昼のお星」は、何と同じようだと書かれていますか。（10点）

（　海の小石　）

③ ②——「見えぬけれどもある」ものを詩の中からぬき出して六字で答えましょう。（20点）

| つ | よ | い | そ | の | 根 |

④ この詩から作者が伝えたいと考えられることを一つ選びましょう。（15点）

（　）目に見えないものは実際《じっさい》にあるかどうかはわからない。
（　）はっきり見えるものが大切だから守ってほしい。
（○）目に見えないけれども存在《そんざい》するものに気づいてほしい。

28 国語5年

学習のアドバイス

9 敬語《けいご》（1）

「来る」の尊敬語《そんけいご》は「いらっしゃる」「おいでになる」「来られる」など、いくつかの言い方があります。けんじょう語でもいくつもの言い方が考えられます。解答《かいとう》にはそのうちの一例を示してあります。

学習のアドバイス

10 敬語《けいご》（2）

敬語《けいご》の使い方の練習です。「おっしゃる」「いらっしゃる」「めし上がる」など特別な言葉を使う尊敬語《そんけいご》、「いただく」「うかがう」「申し上げる」など特別な言葉を使うけんじょう語があるので、使い慣《な》れていくようにしましょう。

学習のアドバイス

11 和語・漢語・外来語

和語は日本にもとからある言葉、漢語は中国から伝わった言葉です。外来語は、中国以外の外国から入った言葉がもとになっています。使い分けができるようになりましょう。

学習のアドバイス

12 詩の読みとり

1も2も金子みすゞの詩をとりあげています。やさしい言葉ですが、自然や人びとの心の奥《おく》にある真実がするどく書かれていることを読みとりましょう。

9 国語 敬語《けいご》(1)

月　日

学習のポイント 敬語《けいご》には「尊敬語《そんけいご》」「けんじょう語」「ていねい語」があることを学びましょう。

得点《とくてん》　点

シール

1 相手や話の中の人物をうやまう気持ちを表すため、尊敬語《そんけいご》(「いらっしゃる」「おっしゃる」などの特別な言葉、「お(ご)〜になる」という言い方、言葉に「お」や「ご」を付けた言い方など)を使います。次の――の部分を、尊敬語《そんけいご》に直して(　)に書きましょう。 1つ5点〔20点〕

(例)

① 校長先生が来る。(いらっしゃる)

② 夢《ゆめ》のなかで、おじぞう様がおにぎりをくれた。(くださった)

③ 先生が、話します。(お話しになります)

④ 社長の考えがよくわかりました。(お考え)

2 けんじょう語は、自分や身内の動作をけんそんして言うことで、相手への敬意《けいい》を表します。次の――の部分を、けんじょう語に直して(　)に書きましょう。 1つ5点〔10点〕

(例)

① お願いに行きます。(うかがいます)

② お客様を待っています。(お待ちしています)

3 ていねい語は、言葉の最後に「です」「ます」を使って、相手に敬意《けいい》を表します。次の――の部分を、ていねい語に直して(　)に書きましょう。 1つ5点〔10点〕

① わたしは、学校に行く。(行きます)

② ご注文の品は、これだ。(これです)

4 ――の敬語《けいご》の種類を□から選んで記号で答えましょう。 1つ5点〔30点〕

① 庭でとれた野菜を差し上げる。(㋒)

② 上田さんから野菜をいただいた。(㋒)

③ 野菜がたくさんあります。(㋑)

④ お客様がいらっしゃるのでかたづけた。(㋐)

⑤ 校長先生がおっしゃった。(㋐)

⑥ 明日はわたしがうかがう。(㋒)

㋐尊敬語《そんけいご》　㋑ていねい語　㋒けんじょう語

5 次の文の中で、敬語《けいご》を使っているところに――を引きましょう。五つあります。 1つ6点〔30点〕

> 五年一組のクラス会に、北川先生をおよびすることになった。
> クラス会の日、約束より早い時間に、先生はいらっしゃった。
> 大野くんたちがていねいにご案内したので、北川先生は、みんなが敬語《けいご》をきちんと使えるようになったことを、とてもほめてくださった。
> クラス会はもりあがった。
> 北川先生への感謝《かんしゃ》の気持ちをこめて、みんなで演《えん》そうやろう読をした。
> 最後に、みんなで作ったプレゼントを北川先生におわたしした。

10 国語 敬語《けいご》(2)

月　日

学習のポイント 実際《じっさい》に敬語《けいご》を使えるように練習しましょう。

得点《とくてん》　点

シール

1 文に合うように――の部分を、敬語《けいご》に直しましょう。 1つ10点〔50点〕

(例)

① 市長さんが、運動会に来た。(来られた)

② となりのおばさんにケーキをもらった。(いただいた)

③ 校長先生に聞きたい。(うかがいたい)

④ お客様を夕食によんだ。(およびした)

⑤ おじさんが旅行のおみやげをくれた。(くださった)

2 次の――の部分を、正しく直しましょう。 1つ10点〔50点〕

(例)

① わたしが、給食をめし上がる。(食べる)

② わたしの話をうかがってください。(聞いて)

③ わたしの母が、そうおっしゃいました。(申しました)

④ 妹も、ごらんになると思います。(見る)

⑤ もうすぐ兄がお出かけになる。(出かける)

11 国語 和語・漢語・外来語

月　日

学習のポイント 和語・漢語・外来語の特ちょうを知り、ふさわしい言葉を選べるようにしましょう。

得点《とくてん》　点

シール

1 次の言葉は㋐和語、㋑漢語、㋒外来語のどれでしょうか。記号で答えましょう。 1つ5点〔30点〕

① 月見(㋐)　② 資源《しげん》(㋑)

③ 幸せ(㋐)　④ ピアノ(㋒)

⑤ コーヒー(㋒)　⑥ 幸福(㋑)

2 次の文の――を和語に変えて、文を書き直しましょう。 1つ10点〔20点〕

① 練習の開始時間を確認します。
(練習の始まる時間を確かめます。)

② 登山をすることに決定しました。
(山登りをすることに決めました。)

3 □の言葉をあいているところに書いて、表を完成させましょう。 1つ5点〔20点〕

和語	漢語	外来語
速さ	速度	スピード
決まり	規則	ルール

規則《きそく》　スピード　決まり　速度

4 次の文の――を漢語に変えて、文を書き直しましょう。 1つ15点〔30点〕

① 海の生き物が減った。
(海の生物が減少した。)

② 招《まね》かれた客で混《こ》んでいた。
(招待客で混雑していた。)

8 国語 物語の読みとり

月　日

1 次の物語を読んで、問題に答えましょう。

よだかは、実にみにくい鳥です。

顔は、ところどころ、みそをつけたようにまだらで、くちばしは、ひらたくて、耳までさけています。

足は、まるでよぼよぼで、*一間《いっけん》とも歩けません。

①ほかの鳥は、もう、よだかの顔を見ただけでも、いやになってしまうという工合でした。

たとえば、ひばりも、あまり美しい鳥ではありませんが、よだかよりは、ずっと上だと思っていましたので、夕方など、よだかにあうと、さもさもいやそうに、*しんねりと目をつぶりながら、首をそっぽへ向けるのでした。もっとちいさなおしゃべりの鳥などは、いつでもよだかのまっこうから悪口をしました。

「ヘン。また出て来たね。まあ、あのざまをごらん。ほんとうに、鳥の仲間のつらよごしだよ。」

「ね、まあ、あの口の大きいことさ。きっと、かえるの親類か何かなんだよ。」

こんな調子です。おお、よだかでないただのたかならば、こんな*生《なま》はんかの②ちいさい鳥は、もう名前を聞いただけでも、ぶるぶるふるえて、顔色を変えて、からだをちぢめて、木の葉のかげにでもかくれたでしょう。ところがよだかは、ほんとうはたかの兄弟でも親類でもありませんでした。かえって、よだかは、あの美しいかわせみや、鳥の中の宝石《ほうせき》のようなはちすずめの兄さんでした。はちすずめは花のみつをたべ、かわせみはお魚をたべ、よだかは羽虫をとってたべるのでした。それによだかには、するどいつめもするどいくちばしもありませんでしたから、どんなに弱い鳥でも、よだかをこわがるはずはなかったのです。

③それなら、たかという名のついたことは不思議なようですが、これは、一つはよだかのはねがむやみに強くて、風を切ってかけるときなどは、まるでたかのように見えたことと、も一つはなきごえがするどくて、やはりどこかたかに似《に》ていたためです。

*一間《いっけん》「間《けん》」は長さの単位で一間は約一・八メートル。
*しんねり　むっつり。
*生《なま》はんか　ちゅうとはんぱ。

（『よだかの星』宮沢賢治《みやざわけんじ》）

学習のポイント
鳥たちの会話や行動から、よだかがどのように思われているのかを読みとりましょう。

得点《とくてん》　点

シール

(1) ①――なぜ、「いやになってしまう」のでしょうか。□にあてはまる言葉を文中からぬき出して答えましょう。（20点）

よだかは実に［み］［に］［く］［い］鳥だから。

(2) ひばりはよだかに対して、どのような態度をとりますか。あてはまるものに○をつけましょう。（10点）

（　）会うたびに悪口を言う。
（○）無視《むし》して横を向く。
（　）こっちを見るなとおどす。

(3) ②――「ちいさい鳥」は、たかについてどう感じているでしょうか。あてはまるものを一つ選んで○をつけましょう。（10点）

（　）たかは生《なま》はんかの鳥だ。
（○）たかはこわい鳥だ。
（　）たかはこわがりな鳥だ。

(4) よだかとたかは、どのような関係でしょうか。□にあてはまる言葉を文中からぬき出して説明しましょう。（1つ15点・30点）

よだかは名前にたかとつくが、たかの［兄］［弟］でも［親］［類］でもない。

(5) ③――よだかには、なぜ「たか」という名がついているのでしょうか。あてはまるものを二つ選んで○をつけましょう。（1つ15点・30点）

（　）かわせみや、はちすずめの兄さんだから。
（○）鳴き声がするどいから。
（　）はねが美しいから。
（○）飛ぶすがたがたかに似《に》ているから。

学習のアドバイス

5 漢字の書きとり

同じ読み方をする漢字や形が似《に》ている漢字はまちがえやすいので、意味を考え、正しく書けているか、よく確認《かくにん》しましょう。

学習のアドバイス

6 漢字の成り立ち

漢字がどのように作られてきたかを学びます。成り立ちがわからない漢字は漢字辞典で調べてみましょう。

学習のアドバイス

7 ことわざと慣用句《かんようく》

ことわざと慣用句《かんようく》には、動物が出てくるものや、体の一部が使われているユーモラスなものもたくさんあります。意味を正しく知り、ふだんの会話や作文でも使ってみましょう。

学習のアドバイス

8 物語の読みとり

宮沢賢治《みやざわけんじ》の『よだかの星』の最初の部分です。さまざまな鳥たちとよだかとの関係を、会話や鳥たちの様子から読みとりましょう。物語を豊《ゆた》かに想像《そうぞう》しながら読むことにつながります。

国語

5 漢字の書きとり

月　日

1 □には同じ読み方をする漢字が入ります。正しい漢字を書きましょう。（1つ2点→28点）

① えい　㋐ 営業《ぎょう》　㋑ 衛星《せい》

② きん　㋐ 平《へい》均　㋑ 禁止《し》

③ かい　㋐ 快適《てき》　㋑ 解決《けつ》

④ さん　㋐ 賛成《せい》　㋑ 酸性《せい》

⑤ さい　㋐ 災害《がい》　㋑ 実《じっ》際　㋒ 採集《しゅう》

⑥ はん　㋐ 犯罪《ざい》　㋑ 判断《だん》　㋒ 版画《が》

学習のポイント わからなかった漢字は、もう一度練習して、しっかり覚えましょう。

得点《とくてん》　点

シール

2 次の文の□に漢字を書きましょう。（1つ2点→24点）

① 校《こう》舎《しゃ》に入るには許《きょ》可《か》が必要だ。

② 容《よう》器《き》に圧《あつ》力《りょく》をかける。

③ 貿《ぼう》易《えき》で財《ざい》産《さん》を築《きず》いた。

④ わたしの先《せん》祖《ぞ》は武《ぶ》士《し》だった。

⑤ 大《だい》豊《ほう》作《さく》を夢《ゆめ》見て畑を耕《たがや》す。

3 形が似《に》ている漢字に気をつけて、□に正しい漢字を書きましょう。（1つ2点→24点）

① 特別な構《こう》造《ぞう》をした講《こう》堂《どう》がある。

② 想《そう》像《ぞう》がつかなかった現《げん》象《しょう》だ。

③ 複《ふく》雑《ざつ》な土器を正《せい》確《かく》に復《ふく》元《げん》する。

④ 製《せい》鉄《てつ》所《じょ》の制《せい》服《ふく》を着た人がいた。

⑤ 木の枝《えだ》を落とすにも技《ぎ》術《じゅつ》が必要だ。

⑥ 運《うん》河《が》を航《こう》行《こう》することが可《か》能《のう》になった。

4 次の文の□に漢字を書きましょう。（1つ2点→24点）

① 町の歴《れき》史《し》を調べた報《ほう》告《こく》書《しょ》を、コンクールに提《てい》出《しゅつ》した。

② 招《まね》きねこの貯《ちょ》金《きん》箱《ばこ》から寄《き》付《ふ》金《きん》を出した。

③ 兄は現《げん》在《ざい》も国《こっ》境《きょう》の町で医《い》師《し》として働いています。

④ あの山《さん》脈《みゃく》からとれる金《きん》属《ぞく》は輸《ゆ》出《しゅつ》品《ひん》となる。

国語

6 漢字の成り立ち

月　日

1 次の漢字の成り立ちを□から選んで記号で答えましょう。（1つ4点→36点）

① 上（㋑）　② 因（㋒）　③ 象（㋐）

④ 河（㋓）　⑤ 末（㋑）　⑥ 張（㋓）

⑦ 雨（㋐）　⑧ 銅（㋓）　⑨ 品（㋒）

㋐物の形をかたどってつくられた。（象形《しょうけい》文字）
㋑意味や図形を記号で表した。（指《し》事《じ》文字）
㋒二つ以上の漢字の意味を組み合わせた。（会《かい》意《い》文字）
㋓音を表す部分と意味を表す部分とを組み合わせた。（形声《けいせい》文字）

学習のポイント 漢字の成り立ちがわかると、意味や読み方への理解《りかい》が深まります。

得点《とくてん》　点

シール

2 次の組み合わせでできた漢字を□に書きましょう。（1つ6点→24点）

① 「火」と「然」→ 燃

② 「分」と「貝」→ 貧

③ 「林」と「示」→ 禁

④ 「糸」と「色」→ 絶

3 次の漢字の音を表す部分を㋐に、意味を表す部分を㋑に書きましょう。（1つ5点→40点）

① 飼　㋐（司）　㋑（食）

② 版　㋐（反）　㋑（片）

③ 現　㋐（見）　㋑（王）

④ 効　㋐（交）　㋑（力）

国語

7 ことわざと慣用句《かんようく》

月　日

1 次のことわざと似た意味のことわざを□から選んで記号で答えましょう。（1つ8点→40点）

① 河童《かっぱ》の川流れ（㋓）

② 蛙《かえる》の子は蛙《かえる》（㋐）

③ 泣きっ面《つら》に蜂《はち》（㋔）

④ 二《に》兎《と》を追う者は一《いっ》兎《と》をも得ず（㋑）

⑤ 豚《ぶた》に真珠《しんじゅ》（㋒）

㋐瓜《うり》のつるになすびはならぬ　㋑虻蜂《あぶはち》取らず
㋒猫《ねこ》に小判《こばん》　㋓弘法《こうぼう》にも筆の誤《あやま》り
㋔弱り目にたたり目

学習のポイント ことわざや慣用句《かんようく》の意味や使い方をよく理解《りかい》し、ふだんの会話でも使えるようにしましょう。

得点《とくてん》　点

シール

2 □に顔の部分を表す漢字を入れて、慣用句《かんようく》を完成させましょう。（1つ8点→32点）

① 耳 にたこができる

② 目 を丸くする

③ 鼻 を明かす

④ 口 がすべる

3 次の（　）に入る慣用句《かんようく》を□から選んで、記号で答えましょう。（1つ7点→28点）

① 試合の相手が強すぎて、（㋓）。

② （㋑）うわさを信じちゃいけないよ。

③ 一日中歩いて、（㋐）。

④ （㋒）性格《せいかく》なので、宿題は何度も見直す。

㋐足が棒《ぼう》になる　㋑根も葉もない
㋒石橋をたたいてわたる　㋓手も足も出ない

4 国語 漢字の読み方

月　日

学習のポイント
読み方が複数《ふくすう》ある漢字もたくさんあります。言葉の意味や送りがなに気をつけて読みましょう。

得点《とくてん》　点

シール

1 ――の漢字の読みがなを書きましょう。（1つ2点・24点）

① (もうふ) 毛布　(ぬの) 白い布。
② (しんかんせん) 新幹線　(みき) 太い幹。
③ (ひと) 独り言　(どくだん) 独断
④ (ひまん) 肥満　(こ) 肥えた土。
⑤ (ざいあくかん) 罪悪感　(つみ) 罪が重い。
⑥ (さいし) 妻子　(つま) 妻の仕事。

2 次の文の――の読みがなを書きましょう。（1つ2点・20点）

① 息を殺して毒虫《どくむし》に殺虫ざいをかける。(ころ)(さっちゅう)
② 複雑な地形にある雑木林。(ふくざつ)(ぞうきばやし)
③ 読破した本が破れてしまった。(どくは)(やぶ)
④ 大勢で勢いよく飛びこんだ。(おおぜい)(いきお)
⑤ よく燃える燃料を使う。(も)(ねんりょう)

3 ――の漢字の読みがなを書きましょう。（1つ2点・20点）

① (こんざつ) 混雑した町。　(ま) 材料を混ぜる。
② (こむぎこ) 小麦粉　(かふん) スギ花粉
③ (ふ) 水が増えた。　(ま) 水かさが増す。　(ぞうか) 水量が増加した。
④ (ていりゅうじょ) 停留所　(るすばん) 留守番　(と) 心に留める。

4 次の文の――の読みがなを書きましょう。（1つ3点・36点）

① 周囲を桜《さくら》に囲まれた公園。(しゅうい)(かこ)
② 責任感が強い人に任せよう。(せきにんかん)(まか)
③ 決断力がないので断れなかった。(けつだんりょく)(ことわ)
④ 久しぶりに持久走にちょう戦した。(ひさ)(じきゅうそう)
⑤ 支柱を立てるから、支えてください。(しちゅう)(ささ)
⑥ 指示通りに動いたことを示す。(しじ)(しめ)

学習のアドバイス

2 同じ部首の漢字

五年生で習う漢字を中心に部首を学習します。部首から、漢字の意味が何に関係するか、わかることもあります。漢字辞典は、部首ごとに漢字を仲間分けしてあるので、使いこなして漢字の組み立てや意味を学習していくと力がつきます。4の③の「ぼくにょう」は、「のぶん」「ぼくづくり」ともいいます。

学習のアドバイス

3 説明文の読みとり

鳥はだが立つ仕組みを説明している部分と、鳥はだが立つことの意味について考えを述《の》べている部分とを読み分けましょう。

学習のアドバイス

4 漢字の読み方

五年生で習う漢字を中心に、同じ漢字で複数《ふくすう》の読み方があるものを学習します。音読み、訓読みのどちらでも読めるようにしていきましょう。

2 国語 同じ部首の漢字

月　日

学習のポイント
部首の読み方を覚え、同じ部首の漢字をまとめて練習しましょう。

得点《とくてん》　点

シール

1 次の部首の漢字を、□に書きましょう。（1つ1点→20点）

① イ《にんべん》　大《だい》仏《ぶつ》・価《か》格《かく》・事《じ》件《けん》・準《じゅん》備《び》
② 氵《さんずい》　氷《ひょう》河《が》・減《げん》点《てん》・演《えん》そう会《かい》
③ 彳《ぎょうにんべん》　往《おう》来《らい》・回《かい》復《ふく》・得《とく》意《い》・期《き》待《たい》
④ 扌《てへん》　接《せつ》点《てん》・損《そん》害《がい》・授《じゅ》業《ぎょう》
⑤ 糸《いとへん》　絶《ぜつ》交《こう》・二十一世《にじゅういっせい》紀《き》・綿《わた》あめ
⑥ 言《ごんべん》　書《しょ》評《ひょう》・証《しょう》明書《めいしょ》・設《せつ》計図《けいず》

2 同じ部首の漢字を、□に書きましょう。（1つ2点→30点）

① 停《てい》電《でん》に備《そな》えて電池を確《かく》保《ほ》する。
② 迷《まよ》ったが逆《ぎゃく》の意見を選《えら》んだ。
③ 団《だん》体戦《たいせん》の敗《はい》因《いん》を考える。
④ 保《ほ》護《ご》者《しゃ》への感《かん》謝《しゃ》。
⑤ 悪化を防《ふせ》ぐのはもう限《げん》界《かい》だ。
⑥ 清《せい》潔《けつ》なびんで液《えき》体《たい》を混《ま》ぜる。

3 □に同じ部首の漢字を書きましょう。（1つ2点→32点）

① 編《へん》集《しゅう》／成《せい》績《せき》／布《ぬの》を織《お》る。／店の経《けい》営《えい》。
② 一等《いっとう》賞《しょう》／質《しつ》問《もん》／本を貸《か》す。／作文の資《し》料《りょう》。
③ 移《い》動《どう》／税《ぜい》金《きん》／過《か》程《てい》／積《せっ》極的《きょくてき》
④ 桜《さくら》／点《てん》検《けん》／格《かく》差《さ》／材《ざい》木《もく》

4 次の部首の漢字を、□に書きましょう。（1つ1点→18点）

① 刂《りっとう》　新《しん》刊《かん》の本・判《はん》決《けつ》・印《いん》刷《さつ》
② 心《こころ》　態《たい》度《ど》・応《おう》用《よう》・高い志《こころざし》
③ 攵《ぼくにょう》　救《きゅう》急車《きゅうしゃ》・財《ざい》政《せい》・事《じ》故《こ》
④ 土《つち》　お堂《どう》・基《き》準《じゅん》・お墓《はか》
⑤ 頁《おおがい》　大統《だいとう》領《りょう》・額《ひたい》・種《しゅ》類《るい》
⑥ 辶《しんにょう》　述《じゅつ》語《ご》・最《さい》適《てき》・改《かい》造《ぞう》

3 国語 説明文の読みとり

月　日

学習のポイント
説明文は事実と意見を分けて読みとります。だん落ごとにまとめて読むとわかりやすくなります。

得点《とくてん》　点

シール

1 次の説明文を読んで、問題に答えましょう。

①ふるえあがるぐらい寒いとき、うでを見ると、皮ふに小さなでこぼこができていることがあります。これは鳥の皮に似《に》ているので、「鳥はだ」といいます。

鳥はだが立つのは、毛に付いている立毛筋《りつもうきん》という小さな筋肉《きんにく》のはたらきです。立毛筋《りつもうきん》は横になっている毛を立ち上げる筋肉《きんにく》です。立毛筋《りつもうきん》がちぢむと、それに引っ張《ば》られて、毛が立ち上がり、毛の根元がもり上がるので、皮ふがでこぼこになります。

大昔の人間には、体毛がたくさん生えていました。寒くなると立毛筋《りつもうきん》がちぢんで、毛が立ち上がります。このことで、毛と毛のあいだに空気が入ってふわっとなり、体の熱をにがさなくなる効果《こうか》があります。大昔の人は、自分の体毛のおかげで寒さをしのぐことができたと考えられるのです。

立毛筋《りつもうきん》をちぢませるのは、交感神経《こうかんしんけい》という神経《しんけい》のはたらきです。交感神経《こうかんしんけい》は、とてもこわかったり、すごくうれしかったりしたときにもはたらきます。そのため、こわくてぞっとしたときや、突然《とつぜん》うれしいことがあったときも、鳥はだが立つのです。

犬やねこがけんかをする相手をおどすときに、うなりながら毛を逆立《さかだ》てていることがあります。あれも鳥はだと同じ現象《げんしょう》です。毛を逆立《さかだ》てると、体が大きく見えます。体が大きければ強く見えて、けんかをしている相手をおどして、追いはらえるかもしれないのです。

大昔の人間も、おそろしい相手と戦わなければならないとき、毛を逆立《さかだ》てて自分を大きく見せていたのかもしれません。鳥はだにはいろいろなはたらきがあったのでしょう。

① 「鳥はだが立つ」とはどのような状態《じょうたい》ですか。次のうち正しいものに○をつけましょう。（8点）
（○）皮ふに小さなでこぼこができる。
（　）皮ふが赤みをおびる。
（　）皮ふがとてもかゆくなる。

② 鳥はだが立つのは、①――「ふるえあがるぐらい寒いとき」のほかに、どのようなときですか。文章全体をよく読んで、二つぬき出して書きましょう。（1つ15点→30点）
（こわくてぞっとしたとき）
（突然うれしいことがあったとき）

③ 大昔の人間にとって、寒いときにたくさんの体毛が立ち上がることで、どのような効果《こうか》がありましたか。（15点）
例（からだの熱をにがさなくなる効果。）

④ □に言葉を入れて、鳥はだが立つ仕組みをまとめましょう。（1つ8点→32点）
交感神経 という神経《しんけい》のはたらきで、立毛筋 がちぢんで、毛 が立ち上がり、毛の根元が もり上がる。

⑤ 犬やねこに、鳥はだと同じ現象《げんしょう》が起こるのは、どのようなときですか。（15点）
例（けんかをする相手をおどすとき。）

別冊《べっさつ》

★取り外して使えます。

夏休みドリル

国語

解答《かいとう》とアドバイス

小学5年

ドリルが終わったら答え合わせをして、点数をつけましょう。もし、わからなかった問題やまちがえた問題があったら、「学習のアドバイス」を読んで自分で考えたり、おうちの人に教えてもらったりして、もう一度やってください。必ず力がつきます。

学習のアドバイス

1 四年生までに習った漢字

わからない漢字があったら、辞書を引いて意味や形を確《たし》かめたり、何度も書いたりすると身についてきます。

国語

1 四年生までに習った漢字

月　日

学習のポイント

都道府県名など、四年生までに習った漢字の読み書きや意味を確《たし》かめておきましょう。

得点《とくてん》　点

シール

1 ――の漢字の読みがなを書きましょう。（1つ1点・12点）

① 給食の用意について説明する。（きゅうしょく）（せつめい）

② 英語の試験を受ける。（えいご）（しけん）

③ 合唱コンクールに参加する。（がっしょう）（さんか）

④ 目標に向かって努力する。（もくひょう）（どりょく）

⑤ 倉庫に照明をつけた。（そうこ）（しょうめい）

⑥ 戦争のない未来を目指す。（せんそう）（みらい）

2 □に漢字を書きましょう。（1つ2点・26点）

① 一《いち》億《おく》円《えん》の一万倍は一《いっ》兆《ちょう》円《えん》。

② 口《こう》径《けい》五センチの望《ぼう》遠《えん》鏡《きょう》。

③ お城《しろ》の菜《な》の花が満《まん》開《かい》だ。

④ 南《なん》極《きょく》えっ冬《とう》隊《たい》に入りたい。

⑤ 野鳥の巣《す》を観《かん》察《さつ》する。

⑥ 放《ほう》課《か》後《ご》に博《はく》物館《ぶっかん》へ行く。

3 □にあてはまる漢字を書きましょう。（1つ3点・48点）

① 茨城《いばらき》県

② 栃木《とちぎ》県

③ 埼玉《さいたま》県

④ 静岡《しずおか》県

⑤ 新潟《にいがた》県

⑥ 岐阜《ぎふ》県

⑦ 山梨《やまなし》県

⑧ 滋賀《しが》県

⑨ 奈良《なら》県

⑩ 愛媛《えひめ》県

⑪ 香川《かがわ》県

⑫ 佐賀《さが》県

⑬ 長崎《ながさき》県

⑭ 熊本《くまもと》県

⑮ 沖縄《おきなわ》県

⑯ 鹿児島《かごしま》県

4 ――の言葉を漢字と送りがなで書きましょう。（1つ1点・14点）

① 土をかためる。（固める）

② 水をくわえる。（加える）

③ ビルをたてる。（建てる）

④ 町をおさめる。（治める）

⑤ 鳥がむれる。（群れる）

⑥ 家族でいわう。（祝う）

⑦ 体重をはかる。（量る）

⑧ 名前をおぼえる。（覚える）

⑨ 町に雪がつもる。（積もる）

⑩ 月がてらす。（照らす）

⑪ 花がちる。（散る）

⑫ 駅で友とわかれる。（別れる）

⑬ 季節がかわる。（変わる）

⑭ 幸せをねがう。（願う）